全世界学生爱问的300个天文问题

本书编写组◎编

世界图书出版公司
广州·北京·上海·西安

图书在版编目（CIP）数据

全世界学生爱问的300个天文问题/《全世界学生爱问的300个天文问题》编写组编．—广州：广东世界图书出版公司，2010.4（2024.2重印）

ISBN 978-7-5100-2228-9

Ⅰ．①全… Ⅱ．①全… Ⅲ．①天文学-青少年读物 Ⅳ．①P1-49

中国版本图书馆CIP数据核字（2010）第070698号

书　　名	全世界学生爱问的300个天文问题 QUANSHIJIE XUESHENG AIWEN DE 300 GE TIANWEN WENTI
编　　者	《全世界学生爱问的300个天文问题》编写组
责任编辑	左先文
装帧设计	三棵树设计工作组
出版发行	世界图书出版有限公司　世界图书出版广东有限公司
地　　址	广州市海珠区新港西路大江冲25号
邮　　编	510300
电　　话	020-84452179
网　　址	http://www.gdst.com.cn
邮　　箱	wpc_gdst@163.com
经　　销	新华书店
印　　刷	唐山富达印务有限公司
开　　本	787mm×1092mm　1/16
印　　张	10
字　　数	120千字
版　　次	2010年4月第1版　2024年2月第10次印刷
国际书号	ISBN　978-7-5100-2228-9
定　　价	48.00元

前　言

我们形容一个人知识渊博，常常说他“上知天文，下知地理”，这里所说的“上知天文”即指对天文知识的掌握。

我们生活在自然界中，昼夜交替，四季循环，首先接触到的就是天文现象。明亮的太阳，皎洁的月亮，闪烁的繁星，壮观的天象，……这些都向我们提出这样那样的疑问：我们生活的星球是什么样的，太阳为什么那么耀眼，为什么我们不能上太阳上居住，月亮上有没有水，土星为什么有道美丽异常的光环，而别的星球没有，还有银河系到底有多大，宇宙里究竟有多少个这么大的银河系，宇宙飞船能不能飞出银河系，我们的宇宙的将来会变成什么样，我们人类将何去何从？太多太多的疑问需要我们去了解，去探索。

不可否认，我们人类虽然很早以前就对我们所处的世界发出这样那样的疑问，也曾努力进行了不懈的探索，取得了一定的成绩，望远镜的问世使我们的视野更开阔，月球的成功登陆圆了我们人类“嫦娥奔月”的千年梦想，宇宙飞船的巡天之旅更是让我们对我们的家园有了更深刻更全面的认识，但天外有天，我们对这浩渺的宇宙知道得还是太少太少。

本书从这千万个疑问中，精心挑选出300个当今学生最关心的、最需要掌握的天文问题，采取一问一答的形式，合理分章，编辑成册，希望能给广大青少年朋友以帮助，帮助他们了解这广袤无垠的宇宙。本书的内容力求浅显易懂，注重普遍性，既注意介绍基础知识，又注重反映最新的科技发展成果和应用。全书文字表述生动活泼，串文插图力求造型准确、细腻逼真，以满足学生们的阅读心理。

本书共分4部分，分别是浩渺无垠的宇宙、银河系和河外星系、太阳大家庭、探天仪器和探天活动，并分门别类地加以介绍。由于时间仓促和资料有限，再加上视野所限，书中定会有些许不足之处，在此敬请读者给以理解；对于书中不对不妥之处，也请读者给以批评和指正。

目 录

Contents

浩渺无垠的宇宙

宇宙起源于一次大爆炸吗 …… 1
宇宙是由什么组成的 …… 2
宇宙有限而无边是怎么回事 …… 3
什么是宇宙射电 …… 4
什么是宇宙线 …… 4
什么是“3K 宇宙背景辐射” …… 5
什么是星云 …… 5
什么是新星 …… 6
什么是白矮星 …… 7
天狼星是人类最早发现的白矮星吗 …… 8
什么是超新星 …… 9
什么是红外星 …… 9
什么是脉冲星 …… 10
什么是中子星 …… 11
什么是双星 …… 12
什么是星团 …… 12
黑洞是什么样的天体 …… 13
什么是类星体 …… 14
什么是星系团和超星系团 …… 15
最近的星系 …… 15
真的还有别的“太阳系”吗 …… 16
宇宙中别的星星上有人吗 …… 16
星际空间是真空吗 …… 17
恒星也“有生有死”吗 …… 18
“通古斯”是怎么回事 …… 18
外太空究竟有多远 …… 19
宇宙的未来结局是怎样的 …… 20

银河系及河外星系

银河系知多少 …… 21
银河系的结构是怎样的 …… 22
银河和银河系是一回事吗 …… 22
什么是河外星系 …… 23
人类是怎样发现河外星系的 …… 24
为什么把河外星系称为“宇宙岛” …… 24

离我们最近的河外星系是哪一个 …… 25
已发现的最远的河外星系有多远 …… 26
恒星的亮度是怎么衡量的 …… 26
为什么有些恒星的亮度会变化 …… 27
密度最大的恒星都有哪些 …… 28
质量最大的恒星叫什么 …… 28
最早发现的脉动变星是鲸鱼座O吗 …… 29
周期最短的脉动变星是造父变星吗 …… 29
为什么把造父变星称作“量天尺” …… 30
爆发变星是怎么回事 …… 31
银河系内最亮的超新星是什么星 …… 31
猎户座是能被我们肉眼看到的唯一星云吗 …… 32
银河系中最稀落的地方在哪里 …… 32
星际空间有分子吗 …… 33
肉眼能看到的最近的星系是什么星系 …… 33
肉眼能见到的最远的天体是仙女星云吗 …… 34
质量最大的星系是什么星系 …… 34
最强的射电星系是什么星系 …… 35
爆发能量最大的星系是什么星系 …… 35
最遥远的类星体是什么星体 …… 36
最早发现的类星体是3C48还是3C273 …… 36
类星体3C273结构是怎样变化的 …… 37
第一个双核星系是什么时候发现的 …… 37
最密的星系团在哪里 …… 38
最近和最远的星系团各是什么 …… 38
最巨大的星系系统在哪里 …… 39
温度最高和最低的恒星各是什么星 …… 39
自转速度最大和最小的恒星各是什么星 …… 40
视向速度最大的恒星是什么星 …… 40
磁场强度最大的恒星是什么星 …… 41
最大的星座是长蛇座吗 …… 41
新星爆发为什么如此可怕 …… 41

脉冲星为什么能发出脉冲信号 …… 42
恒星是由什么组成的 …… 43
恒星是怎样分类的 …… 43
空中有多少颗恒星 …… 44
恒星有行星吗 …… 44
星系核是怎样活动的 …… 44

太阳系大家庭

太阳系是怎样形成的 …… 46
太阳系有多大 …… 47
太阳系大家庭里有哪些成员 …… 48
为什么说太阳是一颗普通的恒星 …… 49
为什么太阳会发光发热 …… 49
太阳有多热 …… 50
太阳能有多少 …… 51
怎样测定太阳的温度 …… 52
太阳风是怎么回事 …… 52
什么是太阳黑子 …… 53
日斑是什么 …… 54
什么是日冕 …… 55
太阳系中还有第九颗大行星吗 …… 56
太阳系中哪些行星有自己的卫星 …… 56
怎么知道太阳系不处于银河系的中心 …… 57
地球是怎样绕太阳公转的 …… 58
地球绕轴自转是怎么回事 …… 59
为什么我们感觉不到地球在运动 …… 59
地球的自转为什么不是匀速的 …… 60
行星自转的情况是怎样的 …… 61
距离地球最近的是什么星座 …… 61
地球上的日期是怎样计算的 …… 62
为什么地球表面不像月球那样奇冷奇热 …… 63
月亮为什么会发生圆缺变化 …… 63
月亮为什么老是以同一面朝着地球 …… 64
为什么月亮上有那么多环形山 …… 65
月球是从地球上分裂出去的吗 …… 66
月球上曾经有过人类吗 …… 66
月球上有没有活火山 …… 67
月球上有空气和水吗 …… 67
月球上有“海洋”和“陆地”吗 …… 68
月亮是在逐渐远离地球吗 …… 69

什么是月掩星 …… 70

为什么会发生日食和月食 …… 71

为什么日食和月食不是每月都发生 …… 72

月到中秋分外明吗 …… 72

什么原因导致金星表面温度特别高 …… 73

为什么火星上会出现“大风暴” …… 74

火星上有生命吗 …… 74

为什么火星看上去是红色的 …… 75

火星上有运河吗 …… 76

为什么说海王星是在数学家的笔尖下发现的 …… 77

冥王星究竟算不算太阳系的大行星 …… 78

含铁比例最高的行星是水星吗 …… 79

水星是年最短、日最长的行星吗 …… 80

水星是昼夜温差最大的行星吗 …… 80

为什么水星难得一见 …… 81

全天最亮的星星是金星吗 …… 81

为什么说金星是最像地球的行星 …… 82

金星是自转最慢的行星吗 …… 82

火星上为什么刮“尘暴” …… 83

木星是最大的行星吗 …… 83

木星上的“太红斑”究竟是什么 …… 84

为什么说木星最像恒星 …… 85

木卫3是最大的卫星吗 …… 85

木星和天王星也有光环吗 …… 86

为什么说土星是最美丽动人的行星 …… 87

密度最小的行星是土星吗 …… 87

围绕土星的光环是什么 …… 88

天王星是肉眼可见的最暗的行星吗 …… 88

为什么说天王星是自转最奇特的行星 …… 89

最遥远的行星是冥王星吗 …… 90

冥王星上最冷吗 …… 91

各个行星有多大 …… 91

为什么所有的行星看起来都不一样 …… 92

行星是怎样绕太阳转的 …… 93

行星是否会撞在一起 …… 93

人类最早发现的小行星是谷神星吗 …… 94

灶神星是最亮的小行星吗 …… 95

为什么说谷神星是小行星中的“老大” …… 95
最小的小行星是阿多尼斯吗 …… 96
织女星旁有行星系统吗 …… 96
离地球最近的小行星是赖·夏洛姆星吗 …… 97
最远的小行星是“柯瓦尔”天体吗 …… 97
跑到主环外的小行星有哪些 …… 98
“陨冰”是怎么回事 …… 99
第一块陨石来自月球吗 …… 100
公转最快和最慢的卫星各是什么星 …… 100
发现小行星最多的人是谁 …… 101
小行星也有卫星吗 …… 101
小行星是怎样命名的 …… 102
什么是彗星 …… 103
哈雷彗星是怎样发现的 …… 103
密度最小的“星”是彗星吗 …… 104
彗星是遵循什么样的轨道运行的 …… 105
彗星寿命有多长 …… 106
彗星是一个“脏雪球”吗 …… 106
天空中历时最长的彗星发生在哪一年 …… 107
人类最早预言的周期彗星是哈雷彗星吗 …… 107
彗星的“故乡”在哪里 …… 108
人类观测到的彗星尾巴最多有几条 …… 109
最亮的彗星是什么时候出现的 …… 109
比拉彗星最后瓦解为流星雨了吗 …… 110
卫星最多的行星是木星还是土星 …… 110

探天仪器及探天活动

天文台的观测室为什么要建造成圆顶结构 …… 111
天文台为什么大多设在山上 …… 112
为什么在海底也能建造“天文台” …… 112
最早的星表和星图出自我国吗 …… 113
为什么天文学家要用望远镜观测星空 …… 113
望远镜为什么越做越大 …… 114
第一架天文望远镜是什么样子 …… 115
最大的折射望远镜是哪国制造的 …… 116

CONTENTS 目录

第一架反射望远镜是谁制造的 …… 116
最大的反射望远镜是哪个国家的 …… 117
最大的太阳望远镜是美国制造的吗 …… 118
第一个发现宇宙射电的人是谁 …… 118
什么是射电望远镜 …… 119
最早使用的射电望远镜是由谁制造的 …… 120
最大的射电望远镜是由火山改造的吗 …… 120
人类发明了哪些航天器 …… 121
最早的火箭是我国制造的吗 …… 121
第一颗人造地球卫星是前苏联发射的吗 …… 122
最亮的人造卫星是什么卫星 …… 123
寿命最长的人造卫星是什么卫星 …… 123
怎么知道人造卫星在按预定的轨道运行 …… 124
卫星可以从飞机上发射入轨吗 …… 124
人造卫星是怎样返回地面的 …… 125
绳系卫星有什么用途 …… 125
气象卫星是怎样工作的 …… 126
什么是光子火箭 …… 127
什么是空天飞机 …… 128
什么是航天遥感技术 …… 128
为什么要把哈勃望远镜送入太空 …… 129
为什么要建造空间太阳能发电站 …… 130
航天器为什么要在太空中进行对接 …… 130
为什么许多航天器要像陀螺那样旋转 …… 131
航天器在太空中怎样实施了首次对接 …… 132
航天飞机是如何像飞机那样飞回来的 …… 132
在太空中如何修理出了故障的航天器 …… 133
国际空间站是怎样建立的 …… 134
人类最早对哪颗行星进行探测 …… 135
发给“宇宙人”的第一份电报是什么样的 …… 135
什么是“阿波罗”登月计划 …… 136

人类是怎样首次登上月球的 …… 137
第一位进入太空的人是谁 …… 138
“水手”4号成功拜访火星了吗 …… 139
航天员为什么用跳跃方式在月面上行走 …… 139
人类为什么要开发月球 …… 140
为什么要在月球上建立永久基地 …… 140
为什么人类要多次探测火星 …… 141
人类探测火星的活动历程是怎样的 …… 142
“卡西尼号”怎样进行跨世纪土星观测 …… 143
为什么发射火箭要沿着地球自转方向 …… 144
为什么火箭发射采用倒数计时 …… 144
火箭没有机翼靠什么改变方向 …… 145

浩渺无垠的宇宙

宇宙起源于一次大爆炸吗

大爆炸宇宙论是现代宇宙学中最著名、影响也最大的一种学说。

大爆炸宇宙论把宇宙200亿年的演化过程分为3个阶段。第一个阶段是宇宙的极早期。那时爆发刚刚开始不久，宇宙处于一种极高温、高密的状态，温度高达100亿℃以上。在这种条件下，不要说没有生命存在，就连地球、月亮、太阳以及所有天体也都不存在，甚至没有任何化学元素存在。宇宙间只有中子、质子、电子、光子、中微子等一些基本粒子形态的物质。宇宙处在这个阶段的时间特别短，短到以秒来计。

随着整个宇宙体系不断膨胀，温度很快下降。当温度降到10亿℃左右时，宇宙就进入了第二个阶段，化学元素就是这个时候开始形成的。在这一阶段，温度进一步下降到100万℃，这时，早期形成化学元素的过程就结束了。宇宙间的物质主要是质子、电子、光子和一些比较轻的原子核，光辐射依然很强，也依然没有星体存在。第二阶段大约经

浩渺的宇宙

历了数千年。

当温度降到几千摄氏度时，进入第三个阶段。200 亿年来的宇宙史以这个阶段的时间最长，至今我们仍生活在这一阶段中。由于温度的降低，辐射也逐步减弱。宇宙间充满了气态物质，这些气体逐渐凝聚成星云，再进一步形成各种各样的恒星系统，成为我们今天所看到的五彩缤纷的星空世界。

宇宙是由什么组成的

我们居住的地球是太阳系的一颗大行星。太阳系一共有 8 颗大行星：水星、金星、地球、火星、木星、土星、天王星、海王星。除了大行星以外，还有 60 多颗卫星、为数众多的小行星、难以计数的彗星和流星体等。它们都离我们地球较近，是人们了解得较多的天体。那么，除了这些以外，茫茫宇宙空间还有一些什么呢?

夜晚，我们用肉眼可以看到许多闪闪发光的星星，它们绝大多数是恒星，恒星就是像太阳一样本身能发光的星球。我们银河系就有 1000 多亿颗恒星。

在恒星世界中还有一些亮度会发生变化的星——变星。它们有的变化很有规律，有的没有什么规律。现在已发现了 2 万多颗变星。有时候，天空中会突然出现一颗很亮的星，在两三天内，会突然变亮几万倍甚至几百万倍，我们称它们为新星。还有一种亮度增加得更厉害的恒星，会突然变亮几千万倍甚至几亿倍，这就是超新星。

除了恒星之外，还有一种云雾似的天体，称为星云。这种星云由极其稀薄的气体和尘埃组成，形状很不规则，我们称它们为银河星云，如有名的猎户座星云。极大部分星云，实际上并不是云，它们是一些同我们银河系一样的星系，只因为离我们太远了，所以看上去像云雾般的形状，我们称它们为河外星系。现在已发现 1000 亿个以上的星系，著名的仙女座星系、大小麦哲伦星云就是肉眼可见的河外星系。更多的星系聚集在一起，则构成了星系团。20 世纪 60 年代以来，天文学家还找到一种在银河系之外的像恒星一样的天体，但它的光度和质量又与星系一样，我们叫它类星体，现在也已发现了数千个这种天体。

在没有恒星又没有星云的广阔的星际空间里，还有些什么呢？是绝对的真空吗？当然不是。那里充满着非常稀薄的星际气体、星际尘埃、宇宙线和极其微弱的星际磁场。随着科学技术的发展，人们必定可以发现越来越多的新天体。

宇宙有限而无边是怎么回事

我们的宇宙实在已经够大，远远超出我们的想象。但如果我们把宇宙定义成物理上可以理解的时间和空间的总和，它却并非无限大。天文观测表明，星系和星系之间都在彼此远离，而且距离越远，分离速度越快。这一现象，很像我们用力吹一个表面带花点的气球，气球越吹越大时，上面的花点也彼此越离越开。现代天文学研究揭示出，我们的宇宙就很像这样一个正在膨胀之中的气球。既然在膨胀，反推回去就应该在遥远的过去（至少 100 亿年以上）缩成一点。所以，宇宙很可能诞生于一次超级规模的“大爆炸”，而从一个“点”中产生。虽然我们还不能确知宇宙究竟包含多少物质，但它无论在时间和空间上都肯定不是无限的。

但是这样一个有限的宇宙，我们却永远找不到它的尽头在哪里，怎么理解这种奇怪的现象呢？还是借助那个膨胀的气球吧，假如我们变成一种没有厚度的二维扁虫（注意：在二维扁虫的眼中只有前后左右，而没有上下）。那么我们在球面上无论怎么爬，都找不到哪儿是尽头，对于这样一个扁虫来说，气球面就是有限而无边的东西。现在回到立体世界来，由于宇宙物质的引力作用，爱因斯坦的广义相对论已经证明，我们的三维立体世界在宇宙尺度上也是和气球面一样是弯曲的，正因为时空的弯曲，如果我们有机会在宇宙中航行，也一样会遇到永远走不到尽头的现象，这就是“宇宙无边”最基本的涵义。

什么是宇宙射电

宇宙射电，顾名思义就是从宇宙中的天体上发射出的无线电波。

无线电波具有一些光波没有的特点，这在探索宇宙奥秘中有特殊的用处。一是它的波长比可见光要长100万倍左右，因而一些宇宙尘埃对光波说来，是个庞然大物，可以将光波挡住；而对无线电波来说，却不算太大，无线电波可以轻而易举地绕过这些宇宙尘埃继续传播。无线电波的另一个特点是，任何物体不管它的温度多低，只要在绝对零度（-273℃）以上就能发射无线电波。而物体要能发出光波，则必须达到很高的温度，如果物体的温度低于2000℃就“看不见”了。在广阔的宇宙空间，有许多温度很低的物体，我们虽然看不见它们，但它们都能发射无线电波，我们就可以通过收集、观测这些无线电波来研究它们。此外，很多天体上由于发生一些特殊的天体现象，能发射大量的无线电波，有的“射电星系”能发射比我们的银河系强1000万倍的无线电波，使我们能在远离100亿光年的距离上发现它，而用目前最大的光学望远镜，无论如何是找不到它的。

什么是宇宙线

宇宙线与从天体传来的可见光线不同，是一种人眼看不见的射线。

在进入地球大气层以前，这些宇宙线称为原始宇宙线。它们是由各种元素的原子核构成的粒子流，其中主要是氢原子核，约占87%；其次是氦原子核，约占12%；此外，还有氧、氮、铁、钴、镍、碳、锂、钡、硼等元素的原子核，甚至还有人探测到含量极少的铀原子核。

原始宇宙线粒子，它的能量平均比光子大得多，它的速度和光的速度相接近。它们从四面八方闯到地球上来，在地球大气边缘每平方厘米的面积上，每秒钟大约穿过1个原始宇宙线粒子。

原始宇宙线粒子闯进地球大气以后，与空气分子中的原子核相碰撞，产生电子、正电子、光子、介子、超子等基本粒子，失去了很多能量，这就变成为次级宇宙线。

什么是“3K 宇宙背景辐射”

1964 年，美国贝尔电话公司年轻的工程师——彭齐亚斯和威尔逊，在调试他们那巨大的喇叭形天线时，出乎意料地接收到一种无线电干扰噪声。在天空中的任何方向上都能接收到这种噪声，各个方向上信号的强度都一样，而且历时数月而无变化。

难道是仪器本身有毛病吗？或者是栖息在天线上的鸽子引起的？他们把天线拆开重新组装，依然接收到那种无法解释的噪声。

这种噪声的波长在微波波段，对应于有效温度为 3.5K 的黑体辐射出的电磁波。他们分析后认为，这种噪声肯定不是来自人造卫星，也不可能来自太阳、银河系或某个河外星系射电源，因为在转动天线时，噪声强度始终不变。

后来，经过进一步测量和计算，得出辐射温度是 2.7K，一般称之为 3K 宇宙微波背景辐射。这一发现，使许多从事大爆炸宇宙论研究的科学家们获得极大的鼓舞。他们认为，150 亿~200 亿年前宇宙大爆炸后，我们的宇宙从最初的高温状态膨胀到现在，已经很冷了，根据计算，大爆炸后的残余辐射量很小，相应的温度大约是 6K。而彭齐亚斯和威尔逊等人的观测结果竟与理论预言的温度如此接近，正是对大爆炸宇宙论的一个非常有力的支持！这是继 1929 年哈勃发现星系谱线红移之后的又一重大的天文发现。

什么是星云

很早以前，人们就在望远镜里发现一些会发光的像云雾一样的天体，把它叫做星云。

星云可以分为 2 大类：①河外星云，②河内星云。虽说都叫做星云，可是它们的本质却是完全不同的。

蟹状星云

河外星云就是在银河系外面的星云，更准确应该叫河外星系。它们看上去是小小一个斑点，实际上却和我们的银河系一样，是由几亿、几百亿甚至几千亿颗恒星组成的一个巨大的恒星系统。它们离我们非常遥远，现在已经观测到的河外星云的总数已有数十亿个，可是肉眼能够看到的只有大、小麦哲伦星云和仙女座星云。仙女座星云离我们约 220 万光年，如果我们是在那里的某一颗恒星的行星上，用望远镜看银河系，银河系也成为一个小小的、发光的斑点了。

真正意义上的星云应该是在银河系范围内的星云，它们是由极其稀薄的气体和尘埃所组成的。

河内的星云又可分成弥漫星云和行星状星云。

弥漫星云的形状很不规则，一般没有明显的边界。它的体积虽然很大，可是密度却极小。

行星状星云是一种很有趣的天体，中间有一个温度高达几万摄氏度的恒星，周围是一个发亮的圆环。这可能是许多年前恒星在一次爆发时抛出的气体壳层。

什么是新星

新星并不是新诞生的星星，它本来就是一颗恒星，只是太暗而看不到。

所谓新星就是恒星的突然爆发，即恒星的外围结构以爆炸的方式向外抛射物质，使恒星迅速变亮，好像天空中诞生了一颗新的星。

新星爆发时，恒星一下子膨胀了几千倍，亮度突然增加 9 个星等以上。当光度达到极大时，膨胀着的气壳以 500～2000 千米/秒的速度离开恒星。当气壳向外抛射、逐渐散开并消失时，新星亮度便逐渐减弱，经过几个月甚至几年后才恢复到原来的亮度。天文学家通过比较发现，新星在爆发前和爆发后的亮度基本上一致。新星爆发后，一般只损失整个恒星质量的 0.01%～0.1%。由此可见，新星既不是新诞生的恒星，也不是恒星的末日。

爆发不只一次的新星称为再发新星，已发现的这种新星数量并不多，目前已知的再发新星仅约 10 颗。近年有理论认为，新星属于密近双星，即非常接近并互相绕转的一对星。在它们的演化过程中，其中一颗星变成体积庞大、密度较低和颜色发红的红巨星，另一颗星演变成体积小、密度大、温度较低的热矮星。在引力作用下，温度较高的红巨星气体流向热矮星，被热矮星吸引过来的物质很不稳定，集聚的热量一旦达到引起热核反应的温度，便发生热核爆炸，热矮星成了新星。从现代天文学的角度来说，发现新星已不是什么了不起的事了，因为单单我们自己的这个银河系内，一年中有时会发现好几十颗新星。

什么是白矮星

白矮星并不是某一颗星的名字，而是某一类星的名字。就像我们人在一生中被分为少年、中年、老年几个阶段一样，天文学家把恒星的一生也分为早年、中年和晚年三个阶段，而白矮星就属于晚年恒星这一阶段中的一类。

别看白矮星已经到了老年，同样两颗白矮星的年龄可以相差几亿年，这是由于恒星寿命的长短差别造成的。比如说，有的恒星寿命在几十亿年以上，而有的只能“活”几千万年。因此，同样两颗已 3000 万岁的恒星，如果一颗的寿命是几十亿年，那么它还算是相当年轻的；可是对于寿命是几千万年的恒星来讲，它既然已有3000万岁，那么它离“死亡”之期就不远了。

白矮星的“白”与“矮”两个字就是这种恒星的最好写照。白，说明它的温度高。太阳的表面温度约有6000℃，但白矮星的表面温度比太阳还要高，约有1万℃，发出白颜色的光。矮，说明它的个儿小，也就是体积小。一般的白矮星体积同地球不相上下，还不到太阳体积的1/100万。

天狼星是人类最早发现的白矮星吗

冬季的东南方天空，我们能看到一颗全天最亮的恒星，名字叫天狼星。在它旁边有一颗眼睛看不见的小星星围着它旋转，这颗小星星被叫做天狼伴星，它就是人们在1862年最先发现的一颗白矮星。别看它和我们地球差不多大小，密度可大得惊人，它身上像黄豆大小的一块东西，就足足有1000多千克！

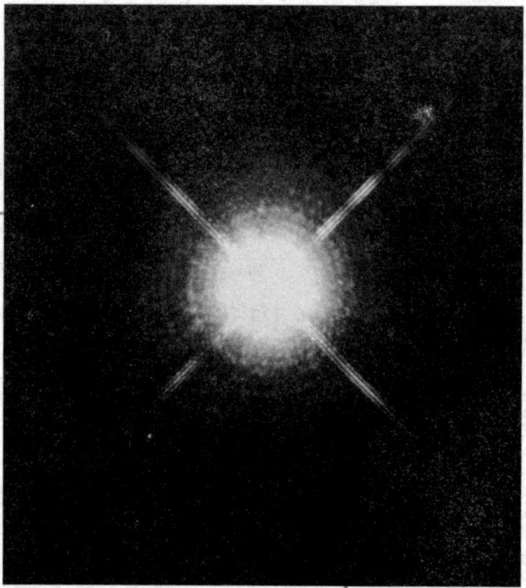

天狼星

目前，像这样个儿小、体重又大的白矮星已经发现了1000多颗。其实在我们银河系里，白矮星绝不止这么些，只是由于它们个子小，不容易被发现罢了。

什么是超新星

据我国史书记载，北宋年间，人们在天空中发现一颗客星，在白天都能看见，这种情况持续了23天。经科学研究证明，所谓客星，是1054年发生的一次超新星爆发。著名天文学家奥尔特确认，位于金牛座的蟹状星云就是这次超新星爆发后的抛出物，并称之为超新星遗迹。1969年，天文学家根据蟹状星云发出的α射线和β射线辐射，在其中心部分发现了一颗脉冲星，而脉冲星正是理论预言的一种致密、高速自转的天体——中子星，这一连串发现引起科学界的极大关注。

根据恒星演化理论，当一颗恒星演化到最后阶段，它的核心部分的核能源已消耗殆尽，这时，恒星将发生塌缩并由此引起恒星大爆炸，抛出大量物质，形成一个高速向外膨胀的气壳。恒星塌缩后，原来的恒星不复存在，而形成一个致密天体，由于原来恒星质量大小不同，会形成黑洞、中子星或白矮星。因此，1054年的超新星爆发与现代恒星演化理论完全一致，它是人类观测到的一次恒星毁灭的全过程。超新星爆发时，恒星亮度会增强几千万倍甚至上亿倍。

什么是红外星

多少世纪以来，人们都已经习惯了用肉眼或者用肉眼通过望远镜来看星星。用科学的语言说，就是用可见光来观测天体。这是由于我们人类的眼睛，只能直接看到可见光波，对于其他的电磁波，我们只能用仪器间接去探测了。

如果一颗天体，它的温度低到4000℃以下，那么它发出的光线，将是又红又暗。这好比一块铁，刚开始烧时，它不发亮，只发热；温度逐渐上升，就越来越红；温度再升高，就变亮变白，白中还发蓝光。当它重新冷下来，又渐渐变红，最后失去亮光。一些正在诞生的恒星，或衰老到快死亡的恒星，就像铁块刚加热和重新冷却的过程那样，它们发出暗淡的红光或大量的红外线。它们躲在宇宙的深处，几乎不发出可见光波，这些星星就叫红外星。

还有一些星星，它们被厚厚的星际尘埃和云雾包围着，使原来又热又亮的星星变得又红又暗。有的尘埃甚至完全挡住了星星的可见光，并从被它们包围住的星星里吸收热量，自己重新放出红外线。像这些带着尘埃外壳的星星，也被称为红外星。

可惜，地球上保护着我们生命的大气层，却成了天文学家进行天文研究的障碍。大气层吸收了大量的红外线，为观测这些红外星，人们只好把仪器用飞机、气球、火箭或者人造卫星送到大气层外去观测。

什么是脉冲星

1967 年秋天，英国剑桥大学天文学系年轻的女研究生贝尔和她的老师休伊什教授，在天文观测时发现了一种奇特的无线电脉冲信号。信号的脉冲周期极短，只有 1.337 秒，而且周期非常稳定，其准确性超过了当时地球上的任何钟表。这个无线电脉冲源在天球上的运动和其他恒星一样，也是东升西落，由此可以推断出它在太空中的位置是恒定的。

蟹状星云脉冲星

随后天文学家在天空的

各个方向发现了一个又一个脉冲源，那么，这究竟是一种什么样的天体呢？这么快而又稳定的周期不可能是由天体相互绕转产生的，也不会来自天体自身周期性的膨胀与收缩。因此，唯一的可能是与天体的自转有关。然而，如果是这样的话，这是一种一秒钟就要旋转一周或更快的天体，那么它的体积一定不会很大，否则，它必然会在离心力的作用下很快瓦解。而且这种天体的无线电辐射一定要有很强的方向性，这样才会随天体的转动形成脉冲，很可能在这种天体上有很强的磁场……噢！原来是它，天文学家们恍然大悟，想起了30多年前理论上预言的中子星。也就是说，这是一种快速自转的中子星，也叫脉冲星。

什么是中子星

我们知道，物质通常是由各种原子构成的，而原子又是由原子核和绕其运动的电子组成。原子核是非常致密的，由带正电的质子和不带电的中子紧密结合而成。1932年，英国物理学家查德威克发现中子以后，前苏联物理学家朗道就大胆地预言了宇宙中可能存在一种星球，是直接由中子组成的。30多年后，天文学家发现了脉冲星，并确认它就是中子星，从而证实了这一天才的预言。

中子星是一种非常致密的天体，它自身的万有引力可将相当于1个太阳质量的物质压缩在半径仅仅为10千米的球体内。也就是说，一匙中子星的质量差不多相当于地球上一座大山的质量。那么，这样一种奇特的天体是如何形成的呢？一般认为，在大质量恒星的“晚年”，会有一次可怕的超新星爆发，原来星球中的大部分物质被抛射到宇宙空间，剩下的物质急剧收缩，在星体内部产生了极大压力，把原子的外层电子挤到原子核内，核内的质子与电子结合，形成异常紧密的中子结构物质。如此说来，中子星原来是小得可怜的、密集的、没有生气的星体残骸。

什么是双星

如果用天文望远镜观察星空，你会发现天空中有许许多多成双成对的恒星，它们彼此的位置靠得很近，显得十分“亲密”。我们把这种位置靠得很近的两颗恒星称为双星。可以说，天上的恒星也喜欢成对结伙，“单身族”并不占优势。当然，同样是双星，情况也各不相同。有的是一颗恒星绕另一颗恒星运动，依靠万有引力相互维系，这叫物理双星；有的双星则仅仅是投影关系，看起来靠得很近，实际上相距甚远，没有物理联系，可谓“貌合神离”，这叫光学双星。

我们通常所说的双星指的是物理双星。对于不同的物理双星来说，它们两颗子星之间的距离差别也可以很大。比如有一种“密近双星”，两颗子星彼此靠得非常近，可算是恒星世界的“铁哥们”，它们之间可以发生一些复杂的相互作用过程，产生潮汐影响，甚至会出现气体物质从一个子星流向另一个子星的现象。

夜空里有许多著名的双星。比如，天狼星、南门二、南河三、北河二、心宿二、角宿一等都是双星。其中天狼星又属目视双星，也就是通过天文望远镜才能看到它们的双星关系。绕天狼星运动的伴星是一颗白矮星。“角宿一”则属分光双星，即只有通过分析光谱线变化才能确知它们是双星，而用望远镜目视观测是分辨不出来的。

什么是星团

通常，天文学家把恒星数少于10颗的星群称作聚星，而恒星数超过10颗并且具有物理联系的星群就称为星团，它们都是通过万有引力而吸引在一起的。

星团内的恒星数目悬殊不等，可能有几十、几百乃至几十万，甚至上百万颗。根据星团所包含的星数、形状及其在银河系中的分布位置，又分成疏散星团、球状星团 2 大类。

半人马座 ω 球状星团

顾名思义，疏散星团的星数较少，一般有几十到上千颗，形状大多很不规则，形成结构松散的星际“联盟”，星龄比较年轻。疏散星团的另一个特点是它们多数集中分布在银道面的附近，由此也叫银河星团。

球状星团由成千上万，甚至几十万颗恒星组成，外貌呈球形，是一个名副其实的大“星球”。它的中心部分恒星非常密集，甚至用天文望远镜都难以将单个恒星分辨出来。球状星团里大多是些年老的恒星，它们在广袤深寂的宇宙中已度过近 100 亿年的漫长时光。球状星团的空间分布比较弥散，主要散布在巨大的银晕之中。

黑洞是什么样的天体

几十年以前，科学家们根据爱因斯坦广义相对论的理论研究，预言了一种叫做“黑洞”的天体。顾名思义，黑洞可能是一个看起来黑洞洞的漩涡状天体。那么，黑洞到底是什么样子的呢？

黑洞是一种非常奇怪的天体。它的体积很小，而密度却极大，每立方厘米就有几百亿吨甚至更高。假如从黑洞上取来小米粒那样大小一块物质，就得用几万艘万吨轮船一齐拖才能拖得动它。如果使太阳变成一个黑洞，那么它的半径就得收缩至不到 3 千米。

因为黑洞的密度大，所以它的引力也特别强大。大家都知道，由于地球的引力，踢出去的足球还会落到地球上。而速度很大的人造卫星，就能够克服地球的引力作用飞到太空去遨游。黑洞的情况和地球可就不太一样了，黑洞的引力极其强大，黑洞内部所有的物质，包括速度最快的光都逃脱不掉黑洞的巨大引力。不仅如此，它还能把周围的光和其他物质吸引过来。黑洞就像一个无底洞，任何东西到了它那儿，就不用想再“爬”出来了。给它们命名为“黑洞”是再形象不过了。

什么是类星体

20 世纪 50 年代，天文学家用射电望远镜进行观测时，发现宇宙中存在着大量的射电源，即发出很强的无线电波的天体。但是，用光学望远镜观测时，有不少射电源却找不到相对应的光学可见天体。1960 年，美国天文学家马修斯和桑德奇利用口径 5 米的巨型望远镜，发现一个称为“3C48”的射电源对应于一颗 16 等的暗星，其紫外辐射很强，光谱中有一些“莫名其妙”的发射线。2 年后，在澳大利亚有人发现另一射电源“3C273”也对应于一颗暗星。1963 年，旅美荷兰天文学家施密特拍摄了这颗恒星状天体的光谱，发现其中有 4 条谱线相互之间的关系很像是氢元素光谱中的 4 条谱线。这一发现启发了马修斯等人，他们重新研究了“3C48”的光谱，证实那些“莫名其妙”的谱线原来也都是由熟悉的元素产生的，只是这一天体具有 0.367 的红移量。人们经过分析研究，判定它们不是银河系内的恒星，而是河外天体。

对于这种类似恒星而并非恒星的天体，人们称它们为“类星射电源”。以后，通过光学观测又发现了一些在照相底片上具有类似恒星的点状像，在它们的光谱中，发射线也有很大红移，但不发出射电波，称之为“蓝星体”。蓝星体与类星射电源统称为“类星体”。

什么是星系团和超星系团

迄今用大型望远镜所发现的星系总数已超过千亿个。有趣的是，这些“庞然大物”在宇宙空间中的分布并不像是一盘散沙，而是进一步聚集成一种规模更大的天体系统，称为星系团。而且，星系的这种“群居”习惯比恒星更甚，绝大部分星系（至少85%以上）都是出现在星系团中的。当然，这样的“部落”大小不一，包含的星系个数相差极为悬殊。小的只有十几个或几十个，也称为星系群，比如我们银河系所在的本星系群。多的可以有几千个，甚至上万个成员星系，比如后发星系团。像这样的大“部落”一般都有一个或几个“首领”——巨椭圆星系，它位于星系团的中央，四周聚集着它的“亲信”——椭圆星系或透镜星系，而漩涡星系和不规则星系则散布在更加外围的区域。通常，这些星系“部落”在空间分布上也会三五成群，形成“群落”，这就是所谓的超星系团了。

最近的星系

以前，人们一直认为大麦哲伦星云是离我们最近的星系。但是，1975年科学家们发现，在与我们银河中心相反着的方向上，有一个很小的星系。根据计算，它的距离为55000光年，只有大麦哲伦星云的1/3，是目前已知的离我们最近的星系。与最近的恒星叫比邻星一样，人们也把它称为“比邻星系”。由于它的光度很暗，肉眼是无法看到的。

这个星系的质量很“轻”，还不到100万个太阳质量，与我们银河系的质量——1400亿个太阳质量相比，银河系要比它重14万倍，恐怕也是最小的星系了。

真的还有别的“太阳系”吗

除我们的太阳之外，其他恒星周围是否也存在着行星呢？这是个非常有趣的问题，它直接关系到其他天体上有没有可能存在生命的问题。这是因为生命只可能生存在那些围绕恒星旋转，并且具备生存条件的行星上。

真正发现太阳系外行星的历史是从1995年开始的，这年的10月，两位瑞士天文学家发现“飞马座51号”星周围存在着一颗行星类天体，它被命名为“飞马51B”。3个月后，两位美国天文学家发现“室女座70号”星和“大熊座47号”星周围也存在行星类天体，它们分别被称为“室女70B”和“大熊47B”。从那时起到现在，被确认为是太阳系外行星的天体，至少已找到了10颗以上，可说是硕果累累。一个非常值得注意的情况是：这些被认为是行星的天体，比我们原先想象的要复杂得多，它们有的表面温度比较高，有的绕主星的轨道偏心率比较大。可以肯定，这样的行星上是不可能存在生命的。

具有重要意义的是，在离我们太阳系不算远的地方，也存在着类似于我们太阳系这样的“太阳系”。因此，我们不难想象，光是在银河系中，就可能存在着为数众多的“太阳系”。

宇宙中别的星星上有人吗

近代天文学告诉我们，太阳系不是银河系内唯一的行星系。例如，在太阳附近，半径为17光年的空间内，共有60颗恒星，在它们中间，带有行星系的估计不会少于10颗。

凡是行星系都能有人存在吗？不。先决条件是作为行星系中心的天体是个什么样的恒星。如果中央星是个时而宁静、时而爆发的变星就不行，它一发“脾气”，不仅行星上的人受不了，就是行星本身也难保不烧化。要是中央星是周期膨胀和收缩的变星也不行，忽冷忽热的“太阳”，行星上的生命是难以适应的。表面温度高达1万℃以上的热星也不行，它的紫外线辐射太厉害，一切生命都无法生存。中央天体如果是相距很近的双星，那更不行，天上有两个“太阳”虽然壮观，要是有行星系的话，行星的公转轨道不是圆形的，而是一条十分复杂的曲线。行星时而接近两个太阳，烤得表面都熔化了；时而又跑到遥远的天边，成了酷冷的世界。温度变化范围那么大，怎么能住人呢？看来，只有类似太阳那样“稳定”的恒星，才具有得天独厚的条件，被它的行星所欢迎。天文学家把这种恒星叫做太阳型恒星。

尽管条件这样苛刻，限制这样严格，但在银河系中，具有合乎住人条件的行星系的太阳型恒星，还是可能有百万个之多，其中有些应该存在文明世界，但这需要人类去验证。

星际空间是真空吗

夜晚，我们看到天空中闪闪发光的点点繁星，很自然会想，在星星之间的宇宙空间里有什么？是一无所有的真空吗？在过去相当长的时间里，天文学家们确认为星星之间是空的，那里没有恒星和气体。实际上，星际空间中并不是一无所有的真空，而是充斥着大量的气体和尘埃，叫星际物质。它们非常稀薄，几乎就是我们地面实验室中的“真空”。每立方厘米中仅有十几个原子，然而我们呼吸到的空气，每立方厘米中却有多达3000亿亿个原子。星际

星际空间模拟图

物质的温度还不到50K，其中绝大多数是氢和氦，有微乎其微的尘埃微粒。此外在星际空间里，还发现有几十种不同的有机分子，有的还相当复杂，例如有由9个原子甚至11个原子构成的大有机分子。

可见，星际空间不是一无所有的真空，而是形形色色、丰富多彩的“大千世界”。

恒星也“有生有死”吗

本身能发光发热的天体，我们称为恒星。天上的恒星千千万万，看上去除了亮度和颜色有些差异之外，好像都一样，只是些闪闪发光的星球而已。现代科学发现，这许许多多的恒星的物理状态、年龄……是各不相同的。有的才刚形成，处于幼儿时代，有的处于青壮年时期，当然也有的星处于风烛残年。恒星的一生是极其漫长的，如太阳的寿命就有100亿年。人类的几千年文明史还不到恒星生命史的1/10000，因此，要想观测研究一颗恒星的起源和演化似乎是根本不可能的。但是，我们可以通过观察不同年龄的众多恒星去推测恒星一生经历，就好像我们看到树苗、参天大树、种籽以及腐烂的树干等就可推断出“种籽发芽抽技，长成树苗，树苗长成参天大树，最后大树衰老死亡变成腐烂的树干”这样一部树木的生命史。

由此可见，恒星也是有生有死的，不是永恒的。

“通古斯”是怎么回事

1908年6月30日上午7时许，在俄国西伯利亚中部通古斯地区，一个比太阳还要耀眼夺目的火球，呼啸着从天而降，顷刻之间，一声炸雷，震耳欲聋。爆炸的巨响传到千里之外，发出的冲击波把方圆100千米内所有房屋的门窗玻璃震坏，甚至远在三五百千米之外的人畜，也被突然一击打倒在地。2000多平方千米的森林树木轰然倒下，大火使周围成为一片焦土。

世界上所有的地震仪都记录下一段异乎寻常的曲线。

这是20世纪初，也是人类有史以来“亲眼目睹”的最大的一次“爆炸”。

究竟是什么东西在通古斯爆炸了呢？

1958年，前苏联科学家对出事地点进行了考察。终于发现，该地区土壤中含有铁质陨星尘微粒，其中含有7%～10%的镍，而地球上铁矿中的镍含量最高也不会超过3%。后来，别的考察队又从当地沼泽灰泥土中发现了一些玻璃陨体、金属颗粒、硅化物颗粒和很小的金刚石颗粒，而这些物质正是彗星或小行星等行星际小天体的典型化学成分。从而证实通古斯事件的“肇事者”可能是某颗彗星的碎片，或者说是一颗小行星，它的直径约100米，质量在100万吨以上。当它以30千米/秒的速度撞入地球，因与地球大气剧烈作用，温度升高到几千摄氏度乃至上万摄氏度而发生爆炸，造成了震惊世界的通古斯事件。由于爆炸发生在高空，因而就没有在地面上留下陨星坑。

外太空究竟有多远

大多数天文学家认为，我们所能看见的宇宙，只是整个宇宙的一部分。真正的宇宙，要比我们所看见的大得多。但是究竟有多大呢？是不是永无止境呢？还是在某处有一个尽头呢？如果确实有这样一个界限的话，这个界限之外又是什么呢？

天文学家认为，答案可能就在宇宙自身的本性中。依据现在的理论，宇宙绕着它自己形成一个曲线，也就是说，永远不可能有“宇宙之外”的地方，因为无论你怎么走，都还是会绕着这个曲线再回到原处。

天文学家认为，宇宙弯曲的弧度很特别，不像地球曲线那么简单。既无法在纸上画出来，也无法以模型表示出（但是却可以用非常复杂的数字计算出来）。正如我们可以不断地沿着地球表面飞行，而永远不离开地球表面一样，我们也可以在太空中飞行无限长的时间，但是却无法飞出太空之外。

宇宙的未来结局是怎样的

现代天文学告诉我们，我们生活在一个膨胀的宇宙中，相隔遥远的星系之间的距离在与时俱增，而且相互远离的速度与它们之间的距离成正比。我们的宇宙会永远膨胀下去吗？会不会有一天膨胀会停止下来呢？我们的宇宙的最终结局会是怎样呢？

广义相对论告诉我们，如果宇宙中有足够的物质，那么引力场就会强到使我们的宇宙时空弯曲像个球，宇宙膨胀最终会停止下来，而开始收缩，我们的宇宙将变成一个坍缩的宇宙。如果宇宙物质总量不够多，引力不够强，不足以阻止宇宙继续膨胀下去，这时宇宙就是双曲空间而无限延伸。怎么衡量宇宙物质的多少呢？人们用宇宙物质的平均密度来表示。决定宇宙是继续膨胀下去还是最终会停止下来的一个关键性的平均密度值，叫作临界密度，它等于4.7×10^{-27}千克/米^3。宇宙物质的平均密度比临界密度大一点，我们的宇宙就是封闭的，就是说，在遥远的某个时候，膨胀就会终止，而开始收缩；相反，如果我们的宇宙的物质平均密度比临界密度小一点，宇宙就是开放的，就是说、宇宙将永远膨胀下去，越来越冷寂、越来越空虚。

不过，有人认为，我们的宇宙中有许多看不见的天体，如黑洞、黑矮星等，此外，根据基本粒子理论推测宇宙中还有一些前所未知的基本粒子如引力微子、光微子、轴子等，它们质量虽小，数量却很大。如果把这些物质计算进来，宇宙物质的平均密度就会超过临界密度，因而，在遥远的将来，我们的宇宙就会停止膨胀，在引力作用下收缩起来。究竟如何，目前还不能作出肯定的回答。

银河系及河外星系

银河系知多少

天文学家用望远镜发现，除了我们这条银河之外．还有数百万个银河。就我们所知道的，银河基本上可分 3 类。螺旋形的（像我们这座银河）称为漩涡银河。距离我们最近的漩涡银河，大约有 200 万光年。

就我们所观察到的，最亮的银河中大约有 17% 是椭圆银河，像是延长的圈圈。这种银河大部分由恒星所组成，尘埃或气体似乎很少，甚至根本没有。有些银河称为不规则银河，这些银河里有恒星、尘埃和气体。距离我们最近的两个银河，便是不规则的银河。

银河系概貌

也有一些小的银河，叫做小银河。最小的一个只有几百光年的宽度，其内只有几千颗恒星。在宇宙里，小银河的数量或许比大银河的数量还要多。银河与银河之间有几十万光年的距离。银河通常以成群的状态出现。每一群都包括 10 个或 10 个以上的大星群与小星群。

离我们这座银河最远的银河，目前可以观察到的，大约有数亿亿光年之远，有一些银河离我们太远，远得无法想象。因此，要问宇宙里究竟有多少个银河，这个答案可能永远是个谜。

银河系的结构是怎样的

银河系的结构主要可分为银盘（包括旋臂）、核球、银晕，以及外围的银冕等部分。

银盘是银河系的主体，它的外形呈扁盘状，集中了银河系内的大多数恒星和星云，银盘的直径约为 8 万光年，中间部分较厚，厚度约 6000 多光年，周围逐渐变薄，到太阳附近便只剩 1/2 厚度了。由于巨大的银河系本身也有自转，银盘中的亿万颗星球环绕银河系中心浩浩荡荡地作着旋转运动，从银盘中心向外弯曲伸展出 4 条旋臂，看上去犹如急流中的漩涡。

银河系的中央部分是一个恒星分布相当致密的核球，直径 1.2 万 ~1.5 万光年，略呈椭球形状。由于大量的星云和气体尘埃的阻挡，对核球方向的天文观测十分困难，所以，人们至今对它知之甚少，但可以肯定，核球内的恒星分布是十分密集的。

银晕是在银盘外围由稀疏的恒星和星际介质组成的一个巨大包层，它的体积至少是银盘的 50 多倍，但质量却只占银河系的 1/10。

银冕是 20 世纪 70 年代中期才被发现的，属于银河系的最外围，它的范围可远及 50 多万光年以外，比银河系的主体部分要大得多。但银冕内基本上没有恒星，全由极稀薄的气体组成，所以不易准确地测定它的真正范围。

银河和银河系是一回事吗

银河并不是什么天上的河流，而是一个由 1000 多亿颗恒星密集组成的盘状的恒星系统，而我们太阳系本身就处在这个系统之中。我们从太阳系向周围看去，这个恒星系统的盘状部分就呈现为一条带形天区，在这块天区的恒星投影最为密集。而由于距离遥远，肉眼未能把密集的恒星分辨出来，便把它看作一条发亮的光带，这就是我们看到的银河。这个庞大的恒星系统也由银河得名，称为银河系。所以，银河和银河系是两个不同的概念。

什么是河外星系

如果说银河系是一个巨大的“星城”，那么宇宙间是否仅此一个“孤城”呢？不是的。在广袤无垠、浩瀚辽阔的宇宙空间，还有许许多多像我们银河系一样的“星城”，叫做河外星系，简称星系。现在已经观测到的河外星系的总数已有数十亿个，它们如同辽阔的宇宙海洋中星罗棋布的岛屿，故也被称为“宇宙岛”。

哈勃望远镜拍摄到的河外星系

同银河系一样，河外星系也是由 10 亿至数千亿颗恒星，以及星云和星际物质组成的。星系的形态大体上可以分为 3 类：①椭圆星系，外形呈正圆形或椭圆形，中心亮，边缘渐暗。②漩涡星系，一般都有一个椭球状的比较明亮的中央核，从核中伸出2条或多条如蚊香般盘旋着的臂，称为旋臂。一部分漩涡星系的核心宛如一个棒状物，也称棒旋星系。③不规则星系，没有明显的核心和旋臂，外形很不规则，看不出旋转的对称性结构。

人类是怎样发现河外星系的

从1885年起，人们就在仙女座大星云里陆陆续续地发现了许多新星，从而推断出仙女座星云不是通常一团被动地反射光线的尘埃气体云，而一定是由许许多多恒星构成的系统，而且恒星的数目一定极大，这样才有可能在它们中间出现那么多的新星。如果假设这些新星最亮时候的亮度和银河系中其他新星的亮度是一样的，那么就可以大致推断出仙女座大星云离我们十分遥远，远远超出了我们已知的银河系的范围。但是，由于用这种方法推测出来的距离很不可靠，因此也引起了争议。直到1924年，美国天文学家哈勃用当时世界上最大的2.5米口径望远镜，在仙女座大星云的边缘找到了被称为“量天尺”的造父变星，利用造父变星的光变周期和光度的对应关系，才定出仙女座星云的准确距离为220万光年，证明它确实是远在银河系之外，也像银河系一样，是一个巨大而独立的恒星集团。现在，人们已经找到了数十亿个这样的恒星集团，并将它们统称为河外星系，简称星系。

为什么把河外星系称为“宇宙岛”

迄今人类所能观测到的宇宙空间里，弥散分布着数十亿个星系。每个星系平均由近1000亿颗恒星，以及弥漫于星际间的气体和尘埃所组成，每颗恒星都可能是和我们的太阳一样的天体。而我们太阳所在的银河系只是那千亿个星系中的普通一员，如同宇宙汪洋中的一个小岛。这就是宇宙岛概念的由来。

人类把河外星系视作“宇宙岛”的观念，可以追溯到18世纪中叶。康德在《自然通史和天体论》一书中，就曾明确提出“广大无边的宇宙”之中有“数量无限的世界和星系”的概念。并猜想，人们观测到的星空中的一些云雾状天体，可能就是像银河系一样由星群构成的“宇宙岛”，只是由于距离太远而不能分辨出单颗的恒星。那么这些云雾状“星云”究竟是在银河系之内还是之外呢？准确测定它们的距离就成为验证这种理论猜想的关键。

直到1924年，美国著名天文学家哈勃，通过照相观测发现仙女座大星云中的造父变星，从而较准确地推算出仙女座大星云与我们的距离，结果证实它远在银河系之外，是类似我们银河系的恒星系统。于是，继地球、太阳之后，银河系也失去了在宇宙中的任何特殊的中心地位了。这是20世纪天文学上最重大的发现之一。从此，人类的视野超越了银河系的疆界，进入更为广阔的空间。

离我们最近的河外星系是哪一个

小麦哲伦云

河外星系也像银河系一样，里面有着数以十亿计的恒星。由于它们远在银河系之外，所以我们称之为河外星系。

大麦哲伦云位于南天剑鱼和山案两星座的交界处，简称大麦云。它相当于12个满月并列在一起那么长，与我们的距离为16万光年，是离我们最近的河外星系。

小麦哲伦云是最早被确认为河外星系的近邻星系之一，1912年，天文学家利用其中的造父变星作为“量天尺”，测定它的距离为19万光年。它位于南天的杜鹃座，简称小麦云，看上去长约4°。大小麦哲伦云在空间彼此相距约5.4万光年。

大、小麦哲伦云是已知河外星系中离我们最近的两个，可以说就在我们银河系的“家”门口。不仅如此，它们还与银河系有着物理上的联系，一起组成一个三重星系。

已发现的最远的河外星系有多远

20世纪70年代，人们有了射电望远镜，天文观测的视野更加广阔，可以看到离我们100亿光年远的星系，并发现了宇宙中存在着千姿百态、形状各异的星系。它们有的如漩涡，有的如棒槌，还有的呈不规则的形状。

自从太空望远镜——哈勃望远镜上天之后，它带给我们许多遥远星系的信息。1998年10月，哈勃望远镜朝着比以前更远的空间和时间望去，发现了有可能存在的120亿光年外的星系。这些星系是在宇宙刚诞生后不久形成的。

时光飞逝，进入了20世纪末，科学技术的不断进步，使我们拥有了一种叫“亚毫米共用辐射热测定仪阵列”的新型摄像仪，它使我们能更加深入地搜索遥远的宇宙空间并拍摄下它们的图像，清晰地分辨出掩藏在宇宙尘埃后面的星系。

不久前，在美国夏威夷凯克天文台工作的科学家向世界宣布，他们在室女星座方向，距地球140亿光年的地方，发现了一个极暗的星系，这是人类目前所发现的距地球最远的天体。

恒星的亮度是怎么衡量的

晴夜，仰望天空，星光闪烁，但亮度各异。所谓亮度，就是我们在单位面积上每秒钟所接收的恒星的光能量。天文学上则用“视星等”来表示。

2000 多年前，希腊天文学家喜帕恰斯把肉眼所看到的恒星按亮度分成 6 等，天上最亮的 20 颗恒星定为 1 等星，肉眼刚刚能看见的恒星定为 6 等星。星越亮，星等数越小。

望远镜发明以后，星等系统又推广到更微弱的恒星。以后又补充规定，星等相差 5 等，亮度比为 100 倍。因此，星等数减少 1，亮度增强 $\sqrt[5]{100}=2.512$ 倍。现在用最大的望远镜，经过长时间露光，已可拍摄到暗达 23.1 等的恒星，这相当于 3 万千米外的一支烛光的亮度。

为适应科学发展的需要，星等又推广到小数和负数，如“织女星”的星等为 -0.04，“河鼓二”（牛郎星）为 0.77，“北极星”为 2.3，“大角星”为 -0.06，“老人星”为 -0.73。恒星中最亮的是“天狼星”，它的星等为 -1.45。当然月亮和太阳比它亮得多，满月的星等数为 -12.73，太阳则相当于 -26.74 等。

以上说的，都是恒星的“视亮度”，是地球上人类感觉到的亮度。

为什么有些恒星的亮度会变化

天文学上把亮度会变化的星称为变星。

变星共分 3 大类：

(1) 食变星。实际上是互相绕转的双星，当较暗的星转到前面挡住较亮的星时，我们就看到星变暗了；当两颗星互不遮挡时，看上去就变亮了。这一类变星的亮度变化是两星交会引起的，恒星本身的物理状态没有变化，这类变星也称为食双星。

(2) 脉动变星。它们的亮度周期性地发生变化。一般来说，光变周期长的变星亮度变化大，光变周期短的亮度变化小。造父变星是脉动变星的一种。天文学家常用它来测定天体的距离。

(3) 不规则变星。它们的亮度变化完全没有规律，或者规律不十分确定，新星和超新星也属于这一类变星。

现在已经知道变星是恒星演化到一定阶段的标志。一般说来，当恒星处于主序星阶段时比较稳定，当恒星演化到主序星阶段之前或之后都会出现不稳定性，它的亮度就会发生变化，成为变星。

密度最大的恒星都有哪些

1834 年，德国天文学家贝塞耳在做恒星位置精密测量时，发现天狼星在天穹上的运动比较奇怪，它的路径波浪起伏，而不是沿一条直线均匀地移动。当时估计，一定还有一颗看不见的伴星在旁边吸引着它。到 1862 年，美国光学家克拉克找到了这颗伴星。根据所测得的半径和质量，计算出它的平均密度竟有 175 千克/厘米^3，比水重 10 多万倍。这类密度大到 0.1 ~ 10 吨/厘米^3 的恒星叫做“白矮星”。

1967 年，人们在射电望远镜里偶然地发现了“脉冲星”。后来知道，这种脉冲星，就是 1932 年科学家已预言过的“中子星”。中子星几乎是由挤在一起的中子组成的，它的直径仅有 20 千米左右，而质量却有 0.5 ~ 2 倍太阳那么大。由此可见，它的密度约为 1 亿吨/厘米^3 以上，比白矮星的密度还要大 1 亿倍！

根据科学家们的计算，还有一类天体，叫做“黑洞”。黑洞有大有小，小黑洞的密度比中子星还要大，高达 180 亿吨/厘米^3！这简直是无法想象的。

质量最大的恒星叫什么

遥远的恒星看得见，摸不着，怎么知道它有多“重”呢？最常用的是根据双星的轨道运动来求它们的质量。此外，也可以根据其质量和光度的统计关系来推算。我们看到的星星中，有许多质量比太阳大，如牛郎星的质量为太阳的 1.6 倍（即 1.6M☉），织女星为 2.4M☉。

目前已知的质量最大的恒星，是 HD93256，它的质量为 23.8 万亿亿亿吨，是太阳的 120 倍。它的引力也要比太阳大 120 倍。如果太阳的质量有 HD93250 那么大，那么，地球绕太阳的转动须得加速到 300 千米/秒以上，才能不被它吸到肚子里去。

右上是织女星，左下是牛郎星

最早发现的脉动变星是鲸鱼座 O 吗

在神奇的恒星世界中，有像太阳那样基本稳定不变的正常星，也有像心脏那样跳动的“脉动变星”。脉动变星的亮度会作规律性的变动。早在 1596 年，天文学家法布里修斯发现鲸鱼座 O（刍藁增二）的亮度起伏变化，并确认它是一颗变星。这颗星光极大时可亮到 1.7 等，而光极小时只有 10 等左右，强弱相差 2000 多倍，光变周期在 320～370 天。这是一个体积很大的深红色的星，表面有效温度在 1900～2600K（绝对温度），直径约为太阳的 300 倍，而平均密度只有太阳的 1/100 万，比我们地面上的空气还轻 1000 倍！后来发现，它还是个双星的主星，它的伴星也是一个变星。

除了会突然爆发、变亮的“超新星”和“新星”外，“刍藁增二”是最早被发现的变星。

周期最短的脉动变星是造父变星吗

事实上，脉动变星包含有很多种类型，“刍藁增二”就是一类，这类变星叫“长周期变星”。它的光变周期很长，可达几百天。而有一类脉动变星的周期却很短，只有几小时，称之为“短周期造父变星”。

为什么它有这个怪名字呢？因为在1780年前后，最早发现的这一类变星是仙王座δ星。在我们中国，它的星名是“造父一”，故后来人们把它们称为“造父变星”。

造父变星

“短周期造父变星”最典型的就是天琴座RR星，它的光变周期只有1.5~12小时，一个晚上会变几变。当然，它的光变量并不大，一般只1~2星等，即2~6倍。目前这类星人们已发现了4000多个。

为什么把造父变星称作“量天尺”

仙王座δ星（造父一）是一颗变星，光变周期5.6天。现在已发现这类变星将近1000个，称为“经典造父变星”。它们的光变周期大致为1~50天，光变幅度0.1~2等。这类恒星的颜色通常呈黄色。

经典造父星的光变周期与它的绝对星等之间存在着固定不变的关系：即光变周期越长，其光度（真亮度）也越大。这称之为“周光关系”。它的重要性在于，只要发现经典造父变星，那么该星或该星所在的恒星集团（例如星团、星系）的距离便可准确定出。由于周光关系既简单又精确，至今仍是测定银河系内一些星团以及一近距离星系的距离的一种重要方法。所以造父变星被称为天文学家的“量天尺”。

爆发变星是怎么回事

“爆发变星”就是一种亮度突然激烈增强的变星，光变的起因是星体本身的爆发。超新星是爆发最剧烈的恒星，因为爆发后的恒星大致解体了，所以称为“灾变变星”。根据爆发规模和程度，爆发变星有下列几种：①新星，光度变化超过9等。②再发新星，是新星爆发后，经过数年或数十年又发生爆发，甚至多次爆发，光度变化幅度同新星差不多。③矮新星，爆发规模较小，一般不超过6等。④类新星，它的特点是爆发次数比较频繁。

此外，金牛座T型星、耀星也是爆发变星。1924年、1940年、1945年，人们曾多次观测到一些又小又暗的恒星，在几分钟的短时间里，突然比以前亮6倍左右，持续约半小时，又慢慢地恢复到原状。当时都未加以重视。直到1948年发现鲸鱼座UV星突然耀变，才重视起来。现在已发现400多颗耀星。它们的亮度小，约为13等，发亮时增加6等左右，是最暗的爆发变星。

银河系内最亮的超新星是什么星

在人类有史以来所记录的银河系的超新星中，最亮的要数1054年爆发的金牛座中的那颗超新星了。

对这次超新星爆发，我国古书《宋会要》记录得最为完整、详实。我们为有这样光辉的古代文化而自豪。记录告诉我们，公元1054年7月4日凌晨4点左右，在金牛座突然发现一颗超新星。虽然天已破晓，仍是光芒四射，犹如太白金星，甚至白天都依稀可见。这种情况一直持续了23天。以后虽然逐渐暗下来，但在晚上仍可用肉眼看到，如是又持续了1年余（620天），到1056年4月6日才观测不到它。这真是天文史上一大奇观。

银河系在近1000年中有超新星爆发记录的还有另外3次，它们是：

1006年超新星、1572年超新星（又名第谷超新星）及1604年超新星（又名开普勒超新星）。

猎户座是能被我们肉眼看到的唯一星云吗

在壮丽的猎户星座中央，有一个肉眼看来模糊的斑点，它就是著名的猎户座大星云。宇宙中能用肉眼看到的星云只有这一个，其他星云需用望远镜才能看到。该星云离我们约1500光年。它是一个巨大的弥漫星云，估计直径达300光年，但只有直径约25光年的一小部分为星光照亮而被我们看到。

猎户座

星云比恒星要稀薄得多，它形状不规则，边界不明显。猎户座大星云内每立方厘米大约包含300个原子，而地面上的空气中每立方厘米有1000亿亿个分子，比它密3亿亿倍。尽管这样稀薄，由于它范围很大，只要受到近旁炽热恒星的照耀，仍然是可见的，称为“亮星云”。这个星云的体积约为7000立方光年，包含10^{60}个原子，总质量相当于1500个太阳。

银河系中最稀落的地方在哪里

银河系由上千亿颗恒星组成。在恒星之间，也不是绝对的空虚，那里也有物质，包括星际气体、星际尘埃，统称为“星际物质”。它的密度非常小，平均每立方厘米只有1个原子，重量只有0.000000000000000000000001克。像地球大小的一团星际物质，只有1千克重。这种密度是地球上实验室中远未达到的真空力（目前地球上实验室的真空，相当于32000个原子/厘米^3）。

星际物质虽然如此稀薄，但如果把分布在整个银河系中的星际物质加起来，却又大得惊人，约为太阳质量的140亿倍，总共有27.8万亿亿亿亿吨，约占银河系质量的1/10。

星际空间有分子吗

地球如果没有大气，则太阳的紫外辐射、宇宙间的高能射线将会使一切生灵涂炭，因为宇宙射线将击碎各种复杂的有机分子！

在星际空间，极高能量的宇宙射线横冲直撞，无阻无挡，所以过去人们总以为那里充其量只有一些电离了的、失去电子的氢原子。

然而人们发现星际空间不仅有大量的未电离的氢分子，还有不少有机分子，甚至还组成了分子云。

目前已经知道的有61种不同的分子，组成这些分子的是氢、碳、氮、氧、硫、硅、钠等元素。最复杂、最重的星际分子是一种叫氰基辛四炔的有机物，分子量为123。它的分子式为HC_9N，其中有9个碳原子、1个氢原子、1个氮原子。

肉眼能看到的最近的星系是什么星系

用肉眼能看到的离我们最近的星系是大麦哲伦星云。

公元1519~1522年，葡萄牙航海家麦哲伦进行了人类首次环球航行。在他到达南半球时，发现天空有2团亮的星云，一个较大，一个较小，后来就分别取名为大、小麦哲伦星云。经过观测发现，它们实际上都是河外星系。大麦哲伦星云离我们只有16.9万光年。

大麦哲伦星云在南天的剑鱼座内，离南天极只有20°，角大小为21°×

19°，实际大小只有银河系的1/4，质量只有银河系质量的1/10。大麦哲伦星云属于不规则星系，因为它离我们很近，所以是天文学家的“座上宾”。它中间有不少变星、星团等天体，因而知道它的年龄只有10亿年左右。

由于麦哲伦星云在南天，我国只有在纬度较低的海南岛以南的地区才能看到它。

肉眼能见到的最远的天体是仙女星云吗

如果不借助望远镜，人的眼睛能看到的最远的天体是什么？是仙女座大星云。它的目视星等是3.5等。

早先，人们测得仙女座大星云的距离是80万光年，实际上当时的“尺子”刻度不对，现在认为实际距离有220万光年。如果化成千米数，那就要在2后面加19个零，为2000亿亿千米。与最近的恒星比邻星相比，要远上52万倍。也就是说，如果比邻星和我们只相距1米，那么，仙女座大星云离我们就有520千米。

肉眼能见到的河外星系是极少的，一共只有3个：大麦哲伦星云、小麦哲伦星云和仙女座大星云。生活在北半球上的人，则只能看见这个著名的仙女座大星云。

质量最大的星系是什么星系

已知质量最大的星系是M87（NGC4486），它的质量大约等于27万亿个太阳质量，几乎比我们的银河系还重200倍。M87属椭圆星系，为E型，在室女座。

同时，这个质量最大的星系也是一个很强的无线电星系，它在无线电波段的辐射功率，在天体中也是名列前茅的。它的核有异常剧烈的活动。在该星系的西北方向有长串“喷流”从星系核中喷出。这种喷流不仅在光学上能见到，并且在无线电波段及 X 射线波段都已经测量到。这每一块物质本身就足以形成一个独立的星系。这种大规模的喷射现象，真可称为宇宙中的壮观。

最强的射电星系是什么星系

天体与仅仅发可见光的电灯不一样，除了能发出可见光、紫外光、红外光外，还会发出无线电波——射电波、X 射线、γ 射线等。对于那些能发出很强无线电波的星系，天文上称之为射电星系。

许多射电星系的光并不强，可射电却很强。对于这样的星系，一般望远镜是“视而不见”的，只能用射电望远镜——像雷达那样一类的仪器才可发现和研究它们。

发现最早（1946 年）和射电最强的星系是天鹅座 A。它发出的射电功率达 10 亿亿亿亿千瓦，比太阳光的功率大 300 亿倍。银河系的射电是 1000 亿亿亿千瓦，只有它的 1/100 万。

天鹅座 A 距我们有 10 亿光年的距离，大小约 35 万光年。奇怪的是它的无线电波“发射台”主要位在远离星系的两端，而与星系相合的位置上倒只有一个弱“发射台”。在它的中心，用光学望远镜可看到一个形态特殊的星系，20 世纪 60 年代初，人们还误认为是两个星系相互碰撞！

爆发能量最大的星系是什么星系

许多星系都有一个较密集的中心部分——星系核。星系核一般活动性都相当强，其中以大熊座（即北斗星座）的 NGC3034 星系核爆发的景象最为壮观。

NGC3034 距我们约 1300 万光年，它的爆发是星系核爆发中能量最大的。爆发所产生的喷射物以 1000 千米/秒的高速度一直延伸到离中心 14000 光年的远处。它爆发的能量，单单从红外波段辐射的能量就高达 2000 亿亿亿亿千瓦/秒，而我们的太阳辐射的总能量还不到1000万亿亿千瓦/秒。也就是说，NGC3034单就红外波段的辐射就比5000亿个太阳的辐射能量还多，甚至比我们整个银河系所有波段的辐射总量还大得多。

我们再从另外的角度来描述这么巨大的能量。假若这个星系核从形成到现在都以这样的规模进行着剧烈的爆发，那么它已辐射的能量高达10^{56}尔格。这比猛烈的超新星爆发还要强烈几百万倍，而一颗超新星爆发就能放出相当于几十亿亿亿颗氢弹爆炸时所放出的能量。由此可想象出NGC3034爆发的能量是多么巨大！

最遥远的类星体是什么星体

如果把光谱线红移确认为是视向速度造成的，而且也承认从观测事实中建立起来的“哈勃定理”：视向速度越大的星系离我们越远，这样就可认为类星体都是十分遥远的天体，因为它的红移值一般都比河外星系大得多。

目前已知红移最大的类星体是PKS2000－330。据测定，它的红移值相对应的视向速度竟达0.92°，3C273两个辐射部分的分离，正以27.5万千米/秒的速度离我们而去。它与我们的距离在160亿光年左右。

物体的速度达到27万千米/秒时，会产生不少难以置信的奇特现象。如在这个类星体上，所有的钟将走得很慢（我们的钟走1小时，它只走26分钟），而所有的尺子则会缩短同样的倍数……这就是所谓的“相对论效应”。

最早发现的类星体是3C48还是3C273

1960年第一个被研究的类星体是3C48。在照相底片上，它同一个16等的恒星像差不多，比肉眼能看到的最暗的星要暗1万倍。1963年，对另一个强射电源3C273的谱线再次分析后，天文学家施米特认出了3C273的谱线乃是地球上所熟知的一些元素（氢、氧、氮等）所产生的，只不过是谱线都向红端移动了（天文上称之为谱线红移）。

那么，哪一个作为最早发现的类星体，是3C48呢？还是后来居前的3C273呢？在光学上的仔细研究，倒是3C48在前，但当时未能判断出它作为类星体的一个主要标志——大红移的性质；3C273虽则研究在后，但从它的谱线中却首先揭示出未识谱线乃是大红移的结果，从而人们又结识了一类新型天体。在介绍了这段有关发现类星体的有趣历史后，在3C48和3C273中到底哪一个算是最早发现的类星体，就请读者给以公正的评定吧。

类星体3C273结构是怎样变化的

随着射电天文观测仪器的发展和技术方法的提高，除了测得3C273的无线电辐射流变化外，还从1977～1980年的资料中分析出这个类星体的结构也在变化。这种变化的情况是它的两个辐射部分在互相分离着。假若认为类星体3C273的距离也能像普通星系那样从红移算出的话，那么在上述3年的观测中，3C273的这两个辐射成分已分离得很远了，这样用分离的距离除以分离的时间可算出它们分离的速度，这速度竟高达290万千米/秒，是光速的9.6倍。像这一类看起来是超光速运动的天体，还有射电星系3C120、类星体3C345等其他7个宇宙射电源。它们的一些辐射部分分别以光速的2～9倍的范围内在分离着。

像这种高速的分离在地球实验室中是不允许存在的。因此天文学家想了多种办法去解释，问题还在深入讨论之中。

第一个双核星系是什么时候发现的

银河系有一个较密集的核。其他的一些星系也有星系核，如前面所提到的仙女座大星云就有一个较大的椭圆形的核。一般的星系中观测到的核只有1个。虽则天文学家强烈地期待着发现双核的星系，但以前一直未观测到。直到1979年4月，由美国、前苏联、前联邦德国、瑞典四国射电天文学家进行了联合观测，才发现了第一个双核星系。经计算，这个星系核的总质量为太阳质量的8亿倍，它的直径大于1光年。

仙女座大星云

最密的星系团在哪里

星系的分布也与恒星分布相似，有不少是成群成团的。两个星系在一起叫双重星系，三个星系在一起的的叫三重星系，更多的如有成百上千，甚至几万个星系分布在较近的区域，称为星系团。星系团中最密的是在飞马座的星系团。

在这个最密的飞马座星系团中，平均在边长为100万光年的立方体中有58个星系，这比我们所观测到的宇宙空间中平均的星系密度要密40000倍之多。这个星系团距离我们1.4亿光年，直径达470万光年。

最近和最远的星系团各是什么

目前已观测到的星系团有3000个左右，其中距我们最近的是室女座星系团。它离我们“仅”约6000万光年。它东西横跨15°，南北延伸40°，占了很大一片天区，直径约850万光年。这个星系团也很亮，在249个最亮星系中，倒有203个星系是这个室女星系团的成员。这个星系团中一共约包含星系2500个。

距我们最远的星系团是3C295所在的星系团，它距我们约有50亿光年，比室女星系团远80倍以上。由于它太远了，即使用目前最大的望远镜，在照相底片上也仅呈现一些“尘埃”点，要细看才能分辨出来。

最巨大的星系系统在哪里

超星系是1953年法国天文学家对亮的星系做统计时发现的。在这个超星系中约有10万个星系，它是宇宙中已知的最大的系统。它们大致分布在一个与银河互相垂直的大圆环中，这个圆环虽然只占我们所看到的天区面积的1/10，但所有的亮星系倒有2/3是在这超星系系统中。经过细致的观测，发觉这个星系系统的圆环相当薄，环的直径比环的厚度要大5倍，这种现象在星系团中从未发现过。这个超星系的直径大到2亿光年。它的质量相当于1000万亿个太阳质量。

我们的银河系也是这个超星系的成员，但不在它的中心，而在离它外缘1000万光年左右的地方。这个超星系的中心在室女星系团中，因此室女系团也可看成是这个超星系的核心。这个超星系称为本超星系。

温度最高和最低的恒星各是什么星

恒星在颜色方面各不相同，颜色主要反映它们的表面温度。太阳是一颗黄色的恒星，表面温度在10000℃左右，颜色呈白色，牛郎星、织女星都是白色的恒星；温度高达25000～40000℃时，恒星的颜色呈蓝色。猎户座ι（伐三），是温度最高的恒星之一，它的表面温度高达40000℃以上，是一颗典型的蓝色恒星。

脉冲变星刍藁增二（鲸鱼座O），是一颗红色的恒星，它的表面温度只有2000℃，可算是温度最低的恒星之一。但即使是这颗最“冷”的恒星，它的表面温度也足以使黄金和钢铁化成液体。至于温度比它高20多倍的猎户座ι星，它热的程度就难以想象了。

自转速度最大和最小的恒星各是什么星

目前已测量了数以千计恒星的自转速度。不同类型的天体具有不同的自转速度。有一类恒星叫“B 型发射星”（以符号 Be 表示），它们赤道上的自转速度最大时可为 630 千米/秒。地球上看到的最亮的 Be 星是波江座 α。

现在认为脉冲星是快速自转的中子星。有一颗中子星叫 PSR0531，其自转周期仅为 0.033 秒，也就是一秒钟可转上 30 圈，它表面上的自转速度竟达 2000 千米/秒。

是否有自转速度最小的恒星？现在认为，主要集中在银河系核心的“第Ⅱ星族”这一类恒星，恐怕是自转速度最小的恒星，它的表面自转速度平均只有 1 千米/秒。

视向速度最大的恒星是什么星

风驰电掣的列车在祖国大地上驰骋。你注意过吗？当它向你飞奔而来时，它的汽笛声特别尖锐刺耳，而一旦经过你的身旁后，声调一下降低了很多。这个现象称为“多普勒效应”。它在天文上有着广泛的用途。

多普勒效应不仅会使声音变尖（声波波长变短）变钝（波长变长），也会使光的波长发生细微的变化。天文学家们利用精密的仪器由此测得了不少恒星的视向速度。

如果恒星远离我们而去，则光的波长会变长，天文上称“红移”，它的视向速度定为正值。反之，如果恒星在向我们飞来，则光波长变短，称为“紫移”，这种视向速度以负值表示。如牛郎星以 26 千米/秒的速度飞向太阳，便记作 -26 千米/秒。同样道理，老人星的视向速度为 21 千米/秒，表示它以这个速度在离我们而去。

在向我们飞来的恒星中，速度最快的是武仙 VX 星，视向速度值达 -405 千米/秒。这样的速度，从北京飞到南京不到 3 秒钟。而在离我们而去的恒星中，最快的是视向速度为 543 千米/秒的巴纳德星，它比一般的飞机要快几千倍呢！

磁场强度最大的恒星是什么星

从理论上讲，每一恒星都应有磁场。已发现了 100 多颗恒星的磁场强度高达 10000 高斯。有些恒星，由于磁场强度较小，或者因为它发出的光到达地球时已很微弱，或者上述两种原因兼而有之，因此暂时还无法测出来。

太阳的普遍磁场很弱，只有 1～2 高斯，而迄今已知的磁场强度最大的一颗正常恒星是 HD215441，它的强度为 34400 高斯。白矮星的磁场强度比这还要大得多，为 10 万～1000 万高斯。

有人认为，恒星的磁场强度与它的平均密度有某种关系，密度越大，磁场强度也越大。因此中子星的磁场强度比白矮星更大，其强度有 1 万亿～100 万亿高斯。

最大的星座是长蛇座吗

星座是人们凭想象而划分的，因此它们并不均匀，肉眼可见的星数有多有少，“地盘”有大有小。全天最大的星座是“长蛇座”。它宛如一条巨蟒，从东向西绵延 102°的天区（全天区长 360°），宽从天赤道北 7°到南 35°达 42°，面积达 1300 平方度，占全天空总面积 3.2%！整个长蛇座中，亮于 5.5 等的星有 68 个以上。5 月夜空，当蛇头从正南方昂起时，它的蛇尾还隐在东方的地平线之下呢！

新星爆发为什么如此可怕

恒星和太阳一样，虽然看来很宁静安定，但实际上却不时有剧烈的物质抛射或爆发。太阳上就常常有相当8亿颗氢弹的大耀斑发生。

然而与新星和超新星相比，这简直算不了什么。

新星突然爆发时会比太阳亮上几万倍，即相当于爆炸千万亿亿颗氢弹，比太阳的耀斑大了几百万亿倍。这样的爆发有时能抛出1个木星的质量(1.9亿亿亿吨)，少说也有200万亿亿吨，比水星、金星、地球和火星四个行星的总和还大。

在公元前14世纪，我国的一片甲骨上已有新星爆发的最早记载。而中外史上都有记载的，是公元前134年6月爆发的那颗新星。

不过最厉害的还是“超新星”爆发，它的一次爆发又比新星强10万倍。每次超新星的爆发简直是恒星的大灾大难，它竟能把1整个太阳质量抛出去。恒星经过这样一折腾，常常土崩瓦解，进入它的晚年阶段——变成一颗白矮星或中子星，甚至黑洞。

脉冲星为什么能发出脉冲信号

起初，人们看到脉冲星以极其精确的时间间隔发出无线电脉冲，以为是地球之外的有理智的生物发来的电码，因此把脉冲星叫作“小绿人”。后来才意识到，这是一种奇异天体。英国学者休伊什在图书馆查阅大量科学文献进行深入研究，终于指出这种无线电脉冲是自转着的中子星发出的。现在已发现有400多颗脉冲星，绝大多数是发出无线电脉冲的射电脉冲星；只有金牛座蟹状星云中心的脉冲星和船帆座中的脉冲星，不但发出射电脉冲信号，还发出光脉冲信号。

那么，脉冲星为什么可以以精确的时间间隔发出脉冲信号呢？人们认为中子星在快速地自转着。例如，蟹状星云脉冲星每秒钟自转30次，还有每秒钟自转642次的脉冲星（PSR1937+214）。自转轴与中子星的磁轴是倾斜的，带电粒子能够沿磁北极和磁南极的方向上向外流出，在流动过程中产生2束辐射束，当中子星自转时，辐射束就扫过天空，如果我们正好在辐射束扫到的方向观看的话，那么每当辐射束扫过时，我们就看见一次闪光或射电脉冲信号。这就好像是海上旋转的“灯塔”，因此，这种理论又叫作

"灯塔"模型。

恒星是由什么组成的

每一颗自身发光的星都是一个"太阳"，像我们的太阳一样。也就是说，每颗恒星都是发热的气体的大星球。恒星上非常热，把一片钢放上去，会在弹指之间熔化。

在一个比较冷的恒星上，物质差不多接近流体，有点像熔炉里的熔铁。有些非常古老而完全冷却的恒星，物质的密度非常大，大约 60 千克/厘米^3，这些恒星被称为"死星球"。

天文学家利用一种叫作"天文望远镜"的仪器观察恒星，用望远镜观测恒星发出的光，从中可以知道各星球有些什么物质，或温度的高低等情形。各星球的颜色也不同，有白色、蓝色、黄色和红色。通过颜色可判断这颗星球上存在哪里化学元素。各星球发出不同的光谱，表示各星球的温度不同，由光谱可以确定星球的温度。

恒星是怎样分类的

当我们晚上仰望天空的时候，看不出星球之间有多大差别。只是看见有的稍微大一点，或稍微亮一点。而存在于星球间的最大不同，我们却看不出来。

恒星分类的方法之一是按照星球的光谱。光谱是把光线折射所产生的现象，星球的光谱排列次序是从蓝色到红色。太阳被列为黄色，是中间色。

蓝色的星大、热而且亮，表面的温度高达 50000℃以上。太阳的亮度中等，表面温度大约为 6000℃。红色星球被列为冷星球，表面温度在 3000℃以下。所以你会看见有些恒星特别亮，有些恒星比较暗。

一颗星球的亮度，我们称为光度，光度是测定星球明暗的单位。如果星球的光度只有 6 度，除非用望远镜，肉眼是看不见的，1 度的星球最明亮，我们已知的这类星球大约有20颗。20度的星球最少也有10亿颗，不过这许多星球只有用望远镜才能看得见。

空中有多少颗恒星

如果我们夜间在远离城市照明区的乡村仰望天空，就能够看到大约2000颗恒星。在整个天空中，有5000~6000颗人们能够用肉眼看得见的恒星。然而，若通过高倍望远镜，就可见到数百万颗恒星。

恒星有行星吗

太阳的周围有八大行星环绕，所以很有可能其他恒星也有自己的行星。然而，其他恒星距我们非常地遥远，以至于它们所拥有的任何行星由于相对太小，而使人们即使用最高倍望远镜也无法看到。不过，探测到其他恒星附近是否存在非常大的行星是可能的。如果一颗恒星有一个巨大的行星，那么行星的引力就会使恒星产生微小的摆动，从而可算出小天体的存在。1944年，在名为“天鹅61号”的天鹅星座，观测到了恒星运行时的摆动现象。在观测这次摇摆中，天文学家计算出了这颗行星是木星的15倍。1963年，在一颗叫“巴纳德”的恒星附近探测到了一颗行星，它相当于木星的1/2，与我们太阳系里的大行星十分相似。据天文学家推测，还有许多带有行星的恒星未被发现。

星系核是怎样活动的

在后发星系团的中部有一个E型超巨星系M87，也就是NGC4486。在露光时间较短的照片上，我们可以看到有一发亮的长条从它的核心部分延伸出去，颜色很蓝，累积绝对星等达到-14等，相当于一个小的星系。在这个长条形伸出物的两端之外还有 2 个小的圆形的东西，和长条成一直线。这 3 个客体一定都是由星系的核抛出去的。1967 年，又发现在该星系核的另一边，和上述三个抛出物正相反的方向，还有一个小的抛出物，并且在延长线上有六七个星系。这些星系有可能也是由 M 87 的核所抛出的物质形成的。抛出很大的一块或几块物质，这是星系核活动的一种形式。

星系核活动的另一种形式，是朝沿短轴方向抛射物质。在大熊座里有一个不规则星系 M82（即 NGG3034），过去用混合光（白光）拍照，没有发现抛射。到 1963 年，有人改用单色光拍照，用和中性氢气体所产生的红色谱线相同波长的红光拍照，发现这个星系的核于 150 万年前发生过一次规模巨大的爆炸。M82 星系核以 1000 千米/秒的速度沿短轴方向抛出了质量等于 5.6×10^6 太阳质量的物质，并发出磁阻尼辐射，成为一个射电源。类似的爆发在其他一些星系上面也发现了，有的比 M 82 更加厉害。例如飞马座星系团里光度最大的星系 NGG1275，曾经发生过一次比 M82 还强烈的大爆发，抛出物质的速度超过 3000 千米/秒。

银河系的核今天虽然相当平静，但在演化史上它也曾经过核活动厉害的阶段。根据几方面的观测资料判断，银核于 1300 万年前发生过一次不算大也不算小的爆炸，在 100 万年时间内抛出不少物质。今天，在离银道面较远处（高银纬处）观测到了好些个气云，它们的运动速度在 100 千米/秒左右，有的正离开银道面，有的正接近银道面。这些气云有可能是银核在那次爆发中抛出的，有的还在离开核，有的已在落回核。在银心方向，离银心约 3000 秒差距处（离太阳 7000 秒差距）发现了一团物质，过去人们以为它是银河系的一条旋臂的一部分，由于从太阳看来它在人马座方向，因而被称为人马臂。现在人们认为，它不是旋臂，而是于 1300 万年前银核爆发时抛出的一团物质，它正好朝太阳方向走过来，由于速度不大，到现在还没走到半路。

太阳系大家庭

太阳系是怎样形成的

大约在50亿年前，就在太阳系所在的区域里弥漫着由氢和氦及少量重元素组成的原始太阳星云。当时银河系一支漩涡臂扫过并压缩原始星云，使其密度增大。由于引力吸引，星云开始收缩，并且旋转加快，星云便逐渐变成圆盘形状，直径大约100亿千米，厚度约2亿千米。物质不断地降落到原始太阳星云的中心，因而星云中心区域的温度非常高，形成了原太阳。在星云外部区域，温度比较低，那里存在大量岩石性物质、冰性物质以及氢、氦等气体物质。它们在碰撞后会互相黏结在一起，最后产生一些物质团块，它们在引力作用下，向星云的中央平面沉降、聚集。几十万年之后，太阳星云中的大部分固体物质都聚集分布在一个以原太阳为中心的巨大薄层中，薄层中的物质在引力作用下是不稳定的，越来

太阳系

越多的团块被吸积到较稠密的区域，渐渐地它们终于合并成为直径几千米的球体，叫作星子。在以后的几百万年中，星子彼此之间的吸引作用使它们结合成更大的天体（叫原行星）。4 个距原太阳近的原行星，它们的冰物质和气体很少，大部分是岩石性物质。由于内部放射性同位素衰变放热，使原行星内核处于熔融状态，重物质（铁）逐渐沉降到中心，轻物质上升到表面，一它们后来就分别演化成水星、金星、地球和火星。这些行星都有一个致密的铁质核心，外面包围看一层密度较小的岩石层。由于它们的质量和体积较小，表面引力也较小，失去表面的大部分原始气体。四个外行星（木星、土星、天王星和海王星）多半是同内行星在同一时间以同样方式形成的，当原行星逐渐演化成行星的时候，原太阳的引力收缩使它内部变得越来越热，在大约 45 亿年前终于达到能够点燃热核聚变之火的高温，太阳就诞生了。太阳诞生时产生很强劲的太阳风，在长达几百万年的时间里，把太阳系内残存的原始太阳星云物质，甚至把内行星的大部分原始大气都刮跑了，只有一些固体物质（行星、卫星、小行星、流星体、彗星）能够抗得住这种强风，仍然留在围绕太阳的轨道上。至此，太阳系最后形成了。

太阳系有多大

也许你看见过日出时的情景，在你迎接早晨第一束阳光的时候，你是否知道，它从太阳照射到我们地球，已经“跑”了 8 分 20 秒了。你能想象得出太阳离我们有多远吗？要知道光线每秒钟可跑 30 万千米呢，它沿赤道绕地球 1 周，只需要 1/7 秒！地球到太阳的平均距离是 1.5 亿千米（称为 1 个天文单位）。

可是，从距离远近上来说，地球还只是太阳的第三颗行星。冥王星到太阳的平均距离大约是地球到太阳距离的 40 倍。所以，光线横贯冥王星的轨道差不多需要从早到晚一天的工夫。这个范围够大了，可是，冥王星的轨道还不能算是太阳系的边界。事实上，太阳系里还有一些天体，在它们远离太阳的时候，通常会大大地超出冥王星的轨道，这就是彗星。有些彗星的轨道形状扁得出奇，要经过几百年、几千年甚至更长时间之后，才能回来一次，这样算来，它们离太阳的距离就可能会超过几千亿千米。

20 世纪 50 年代，荷兰天文学家奥尔特提出，在太阳系的外围，大约离太阳 15 万天文单位的地方，有一个近乎均匀的球层结构，其中有大量的原始彗星，这个球层就被称为“奥尔特云”。究竟有没有所谓的“奥尔特云”，还有待于天文学家们作进一步研究。

太阳系大家庭里有哪些成员

太阳系家族是由太阳、八大行星、几十颗卫星、成千上万颗小行星和为数众多的彗星、数不清的流星体以及充满太阳系空间的行星际物质等构成的天体系统。

八大行星距离太阳由近及远的顺序是：水星、金星、地球、火星、木星、土星、天王星、海王星。木星个头最大，是行星中的“老大哥”。除水星和金星以外，另外 6 颗行星都有自己的卫星。卫星中以土卫六直径最大，约 5800 千米，比水星还大。

彗星是太阳系中形状最为奇特、多变的一员。接近太阳时，彗头直径有的大到 10 万千米以上，彗尾更是长达上千万千米甚至更长，真是一个庞然大物，然而它的平均密度竟比人造真空还低得多。

流星体平常看不见，只有当它们闯入地球大气层时，与大气摩擦并燃烧，就在天空中留下了一道耀眼的亮光，这就是我们看到的流星。每年落到地面的没有燃尽的流星体不下 20 万吨，绝大多数只有针尖般大小，有些质量较大的流星体，没烧完就落下来，这就是陨星。

行星际物质极为稀薄，它们大多集中在黄道面附近，从而形成黄道光（日出前或日落后，出现在黄道两边锥体状的微弱光芒）和对日照（在低纬度和高山地区，有时在背太阳的天空，可以看到的一个椭圆的亮斑）等天文现象。

为什么说太阳是一颗普通的恒星

我们可以把太阳与其他恒星相比较，来认识在数以亿万计的恒星世界里，太阳究竟是怎样的一个天体。

先说恒星的质量。恒星质量基本上都在太阳质量的百分之几到120倍之间，其中以在0.1～10个太阳质量之间的占多数。可见，太阳只是一颗质量处于平均水平的普通恒星。

从恒星的直径大小来看。一般认为，“御夫座£”食双星系统中的那颗看不见的伴星，大概是已知最大的恒星，估计直径为57亿千米，相当于太阳直径的4000多倍。中子星是迄今发现最小的星，典型中子星的直径约10千米，相当于太阳的1/14万。

再说恒星的光度，也就是恒星真正的发光能力。恒星光度变化范围很大，大体上都在太阳的1/50万～50万倍。

从恒星的表面温度来说，恒星的表面温度基本上都在2000～80000℃，太阳夹在中间，表面温度约6000℃。

进行比较之后，我们发现太阳是颗一点也不特殊、貌不惊人的普普通通的恒星。不仅如此，它还与其他恒星一样，只是银河系的一般成员。

为什么太阳会发光发热

很早以前，人们就在思索：太阳所发出的巨大能量是从什么地方来的呢?

显然，太阳上所发生的不可能是一般的燃烧。因为即使太阳完全是由氧和质量最好的煤组成，那也只能维持太阳燃烧2500年。而太阳的年龄比这长得多，是以数十亿年来计算的。

1854年，德国科学家亥姆霍兹第一个提出了太阳能源的科学理论。

他认为，由于太阳上气体物质不断发出热量，因而不断地因冷却而收缩。收缩时物质向太阳中心下落，产生能量，使太阳损失的能量不断地得到补充。根据计算，太阳直径只要每年缩短100米，收缩所产生的能量，就足以补偿它辐射出的能量了。可惜的是，即使太阳最初的直径等于太阳系最远的行星的轨道直径，收缩到现在的大小，也只能维持太阳闪耀2000万年。

在19世纪，有些科学家还认为太阳会发光，是陨星落在太阳上所产生的热量、化学反应、放射性元素的蜕变等等引起的，但所有这些都不能解释太阳长期以来所发出的巨大能量。

1938年，人们发现了原子核反应，终于解开了太阳能源之谜。太阳所发出的惊人的能量，实际上是来自原子核的内部。原来在太阳上含有极为丰富的氢元素，在太阳中心的高温（1500万℃）、高压条件下，这些氢原子核互相作用，结合成氦原子核，同时释放出大量的光和热来。

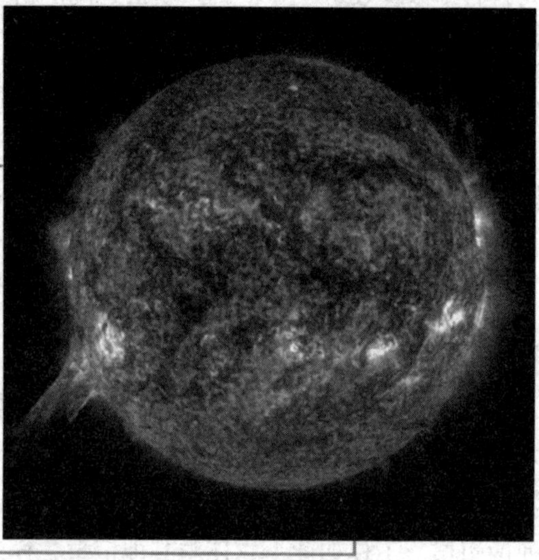

拥有巨大能量的太阳

太阳有多热

如果说太阳只不过是天空的一颗星，这个看法一般人很不容易接受，因为我们所看到的星都是那么小，虽有光而不太亮，虽有热而感觉不到，但是太阳就比一般的星球大得多了。我们觉得太阳比一般的星球大，是因为太阳距离我们最近，太阳距离地球只有149664900千米，除太阳之外，距离地最近的发光星球是40兆千米。

太阳表面的温度有多高呢？科学家认为是6000℃。为了使你知道太阳表面有多热，我们举一个例子来说明。把铁熔炼成钢，所需要的温度约达1500℃。由此你可以知道太阳的表面是多么热。至于太阳的内部，科学家估计可能会达到2000万℃。

关于太阳内部的这个温度，并不是科学家凭空猜想的，因为太阳由4层气体物质包围着。我们不知道太阳内部的详细情形，但是我们知道太阳是由什么组成的，举例来说，我们知道太阳包含的化学元素，仅辐射到地球的就有60多种。

太阳能有多少

没有太阳，地球上便不可能有生物。大气会冻结成块，绿色植物不能生存，天空也不会下雨。因此说太阳是最宝贵的。

实际上，太阳并不特别，太阳只不过是一颗恒星，不是最大的，也不是最小的；不是最亮的，也不是最暗的，仅仅是宇宙间亿万颗恒星之中的一颗普通的恒星而已。只不过是碰巧，太阳成为距离我们最近的恒星，而且我们和太阳的距离适中，正好可以利用太阳能。

科学家不知道太阳是怎样形成的。实际上没有人知道宇宙是怎样形成的，更无法确定恒星是怎样形成的。所以有关太阳的许多事实，没有人能确切说明。例如，太阳怎么能持续燃烧？实际上太阳并不是在燃烧。科学家认为是太阳上的热和压力，使物质变成了能，太阳正耗费着本体的物质，释放着由物质所变成的能。

太阳放出的能实在太多了，所以我们不必担心有一天会缺乏太阳能。

怎样测定太阳的温度

地球上得到的热能，仅仅是太阳总辐射的很小的一部分。太阳每秒钟向空间辐射的总能量大约有380亿亿亿焦耳。如果将这个数字除以太阳的表面积，我们可以得到，太阳表面每平方厘米每秒钟辐射的能量大约为6000焦耳。

仅知道太阳表面的辐射量还不能决定太阳的温度，还须知道物体的总辐射和它的温度之间的关系。1879年，奥地利物理学家斯特凡指出，物体的辐射与它的温度的4次方成正比。根据这一关系，以及测量得到的太阳辐射量，可以计算出太阳的表面温度约6000℃。

太阳是金黄色的，考虑到地球大气层的吸收，与太阳的颜色相对应的温度也是6000℃左右。

应当指出，我们通常所说的太阳温度都是指太阳表面光球层的温度。至于太阳的中心，温度更高，大约有1500万℃。

太阳风是怎么回事

太阳风的名称是20世纪50年代提出来的。关于它的可能存在，好几百年前就有人这么想了，直接证据就是彗星的尾巴。

在任何时候和任何情况下，彗星的尾巴总是背着太阳。换句话说，在彗星接近太阳时，好像是彗头在前拉

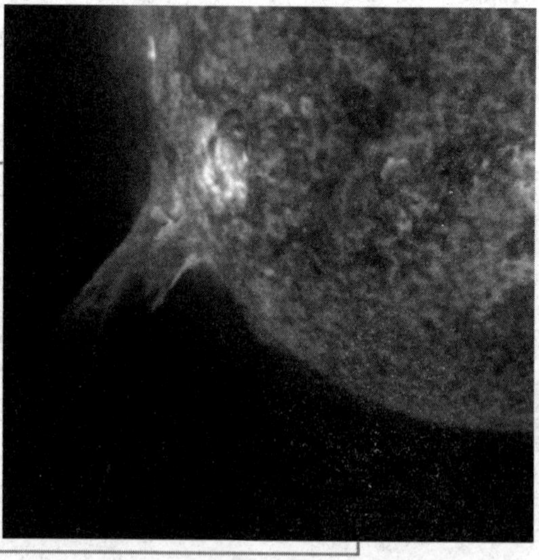

太阳风

着彗尾一起前进；在彗星离开太阳时，好像是彗尾在前拉着彗头一起离开太阳。彗尾总是冲着与太阳相反的方向延伸，根据这一现象，许多人相信，一定是太阳上在“吹风”，将彗尾“吹”向背离太阳的方向。人们还进一步推测，太阳风是从太阳上辐射出的带电粒子。

20 世纪 50 年代末，美国天文学家帕克正确地描述了来自太阳的这股“风”。他认为，太阳大气的最外层——日冕没有明确的边界，而是处于持续不断的膨胀状态，使得高温低密度的粒子流，高速而稳定地“吹”向四面八方。

什么是太阳黑子

黑子实际上是太阳表面上的风暴，是一个巨大的漩涡状气流。一个发展完全的黑子，有个较暗的近似圆形的中央核，叫“本影”；它的外面绕着一圈较亮的纤维状的影子，叫“半影”。

黑子其实并不黑，温度在 4500℃左右，比沸腾的钢水还要热得多。因为它比周围 6000℃的高温低了 1500℃左右，相比之下，看起来就像是黑色的斑点。小黑子的直径在 1000 千米上下；大黑子特别是黑子群，直径可达 10 万千米以上。

太阳黑子还有一个明显的特征，就是黑子在日面上的分布绝大多数出现在太阳赤道两侧 8°~35°的范围内。

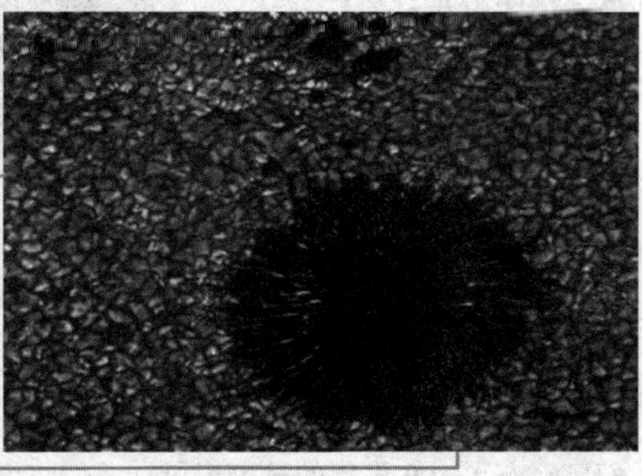

太阳黑子

日斑是什么

1610年发明望远镜时，伽利略是第一个从望远镜中看到日斑的天文学家。日斑就是我们常听人说的太阳黑子。伽利略说，日斑从望远镜中看，很像日轮上的黑洞。

在任何一个晴朗的白天，都可以看到日斑。日斑有大有小，有些小的像太阳表面的小污点；有些相当大，长约15万千米，宽约20万千米。经测量，有些日斑群长达32万千米。

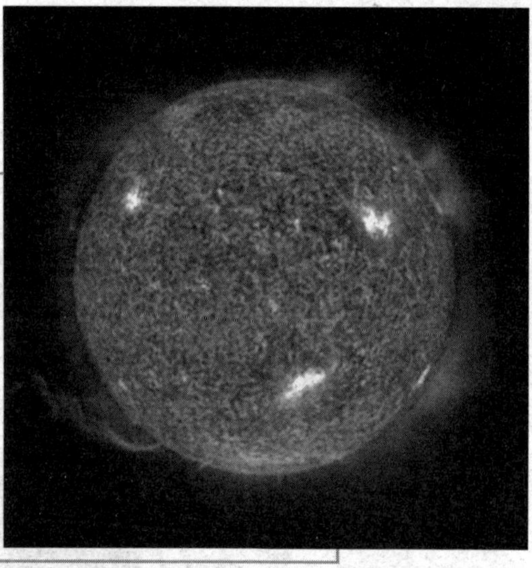

日斑

有些天文学家断定这些日斑是天然的电，这些电必然会产生效应。有一位天文学家表示，日斑是从太阳内部的V形隧道两端喷出来的带电物质。日斑也可以说是电能的放射，把负电子的光射入太空，有些电子进入地球的大气层，而产生电效应。

大部分的日斑持续几天就消失了，但也有些可以持续到2个月，甚至2个月以上。日斑数量上的增减是有周期性的，大约111年循环一次。现在我们已经有了100多年的日斑记录，我们将继续研究，看日斑对我们还有什么影响。

什么是日冕

你一定听说过“太阳明天又会升起”这句话。太阳落下去又会升起这是最确切、最可靠的。不管你看不看，太阳总是在那里发射着千古不变的光辉。

太阳对人类的益处太多了，真是说也说不尽。太阳是一颗本体发光的星球，那么太阳能是从哪里来的呢？科学家认为在太阳的内部有极热的氢原子，这些热氢原子结合而形成了氦。当氢因高温而形成氦以后，便向太阳的表面放出能。这种能的释放非常稳定，所以历经千百万年不衰。

假如我们仔细研究太阳，就会得到肯定的答案。第一，太阳并不像地球一样是个固体，起码太阳的表面不是固体。实际上，太阳表面在以不同速度循环，在太阳的赤道是25天，两极是34天。

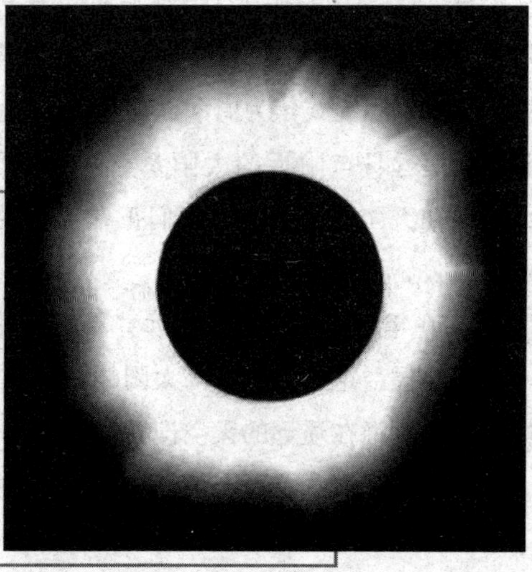
日冕

太阳的外层我们称为“日冕”，是由光和气体物质组成的。日冕的外部是白色，有一科波流，从太刚的边缘伸展到几百万千米以外，就是这些波流形成了阳光的差别。

太阳的另一个外层称为“彩球”，也叫光焰层。它大约有15万千米厚，由大量的氢和氦气构成。从彩球上突出大块云状物，称为“太阳的红焰”，这种红焰高达1609300千米。这也是形成阳光不稳定的部分原因。

太阳系中还有第九颗大行星吗

我们知道太阳系有八大行星。可是长期以来，天文学家都被这样一个问题所困扰，那就是：天王星和海王星的实际运行轨道与计算出的轨道位置不相符。虽然，后来人们又在海王星之外发现了冥王星，但冥王星的质量实在太小，不可能由它来解释天王星和海王星的运行轨道问题。一些天文学家由此相信，是否还存在太阳系的第九颗大行星。

有人计算了从1835年倒推到公元295年这1500多年间哈雷彗星的运行轨道，结果发现，彗星经过轨道近日点的实际日期与理论计算值之间有明显差异。1835年的那次，实际日期就比理论推算出的日期推迟了3天；之后1910年回归时，又推迟了3天。科学家们发现，哈雷彗星过近日点的日期，似乎是以500年为周期而变化的。对此作出的一种解释是：当彗星运行到其轨道远日点附近的太阳系空间时，受到了某种未知天体的摄动影响，而这未知天体很可能就是我们正在寻找的那颗冥外行星，这颗未知新行星的绕日公转周期约500年。

1950年，有人在计算遥远彗星运动轨道时，认为在冥王星以外应该有一颗大行星，这颗大行星与太阳的距离是77天文单位。可惜的是，天文学家们用望远镜在遥远的天空搜索了几年，也没有找到这颗大行星的踪迹。

太阳系中究竟有没有第九颗大行星，今天，谁也无法肯定地下结论。

太阳系中哪些行星有自己的卫星

月球，是地球唯一的天然卫星，是人类早已认识到的天体。那么，太阳系的其他行星有没有自己的卫星呢？有关这方面的观测研究从17世纪初才开始。

1610年1月，意大利科学家伽利略首次用自制的望远镜观测木星时，发现了木星的4颗卫星。从那时到19世纪末，科学家发现太阳系的6颗大行星总共带有21颗卫星。

到1998年底，卫星家族的“成员”已扩展到了66颗，也就是：地球有1颗卫星，火星有2颗，木星有16颗，土星有18颗，天王星有20颗，海王星有8颗，冥王星有1颗。只有金星和水星至今没有发现拥有自己的卫星。

大行星拥有卫星已是司空见惯，但在1978年，天文学家惊讶地发现，一颗名1/141“大力神”的小行星也有自己的卫星。这颗小行星个头不算很大，直径只有243千米，它的卫星的直径被测定为45.6千米，是小行星直径的19%，两者之间的距离为977千米。

也是在1978年，直径135千米的“梅菠蔓”小行星周围，也发现了卫星，卫星的直径达37千米。

小行星卫星接二连三地被发现，促使科学家们又重新查看起那些已束之高阁的观测资料，看看能不能找到有关小行星卫星的蛛丝马迹。

现在，已证实拥有卫星的小行星不下数十颗。有人甚至还认为，某些小行星有1颗以上的卫星。

怎么知道太阳系不处于银河系的中心

推出太阳系并不在银河系中心的是美国天文学家沙普利。1918年，他利用威尔逊天文台2.5米口径反射望远镜，研究当时已知的大约100个球状星团。统计结果显示，有1/3的球状星团集中分布于人马座方向，90%以上坐落在以人马座为中心的半个天球上。如果太阳位于银河系中心，这些球状星团在银河系内是对称分布的，则从地球上来看，球状星团在天空中也应该呈球对称分布，这与观测结果是矛盾的。沙普利由此推想，是否还有另一种可能，即太阳系并不在银河系中心，这样，地球天空上的球状星团就不是球对称分布了。经过多年的观测和研究，沙普利最终建立了银河系的透镜形结构模型，正确地得出太阳系不在银河系中心的结论，银河系的中心应在人马座方向，太阳系则位于较靠近银河系边缘的地方。

地球是怎样绕太阳公转的

公元1543年，波兰天文学家哥白尼在他的伟大著作《天体运行论》中，论证了不是太阳绕地球运动，而是地球绕太阳运动，这就是地球的公转，地球绕太阳转一圈的时间就是1年。

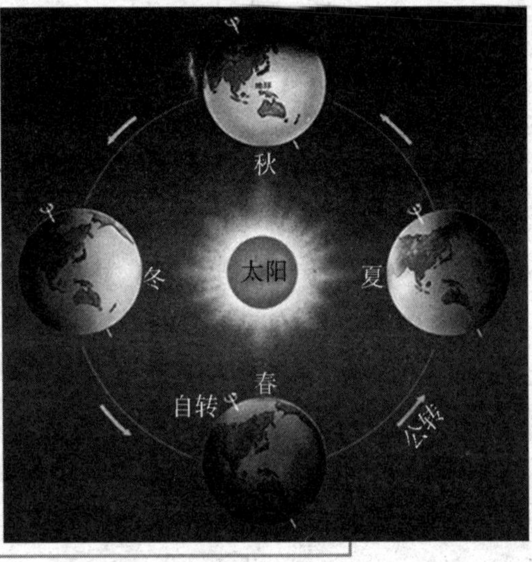

地球公转示意图

根据万有引力公式计算，地球与太阳之间的吸引力约为35万亿亿牛顿。地球绕太阳作圆周运动的速度达到30千米/秒，由此产生的惯性离心力与太阳对地球的引力平衡，使地球不会掉向太阳，而是一直绕太阳公转。

事实上，地球的轨道不是圆形，而是椭圆形的。每年1月初，地球经过轨道上离太阳最近的地点，天文学上称为近日点，这时地球距离太阳14710万千米；而在7月初，地球经过轨道上离太阳最远的地点，天文学上称为远日点，地球距离太阳15210万千米。根据这个道理，1月份我们看到的太阳，要比7月份稍大一些。但是，地球的轨道是一个非常接近于圆的椭圆，所以这种差别实际上极不明显，肉眼是没法看出来的，只有通过精密的测量才能发现。

地球绕轴自转是怎么回事

地球为什么会绕轴自转？地球为什么会绕太阳公转呢？这是多年来一直令科学家十分感兴趣的问题。

我们知道，要测量一个直线运动的物体运动快慢，可以用速度来表示，那么物体的旋转状况又用什么来衡量呢？一种办法就是用“角动量”。对于一个绕定点转动的物体而言，它的角动量等于质量乘以速度，再乘以该物体与定点的距离。物理学上有一条很重要的角动量守恒定律，它是说：一个转动物体，如果不受外力矩作用，它的角动量就不会因物体形状的变化而变化。

形成太阳系的原始星云原来就带有角动量，在形成太阳和行星系统之后，它的角动量不会损失，但必然发生重新分布，各个星体在漫长的积聚物质的过程中分别从原始星云中得到了一定的角动量。由于角动量守恒，各行星在收缩过程中转速也将越来越快。地球也不例外，它所获得的角动量主要分配在地球绕太阳的公转、地月系统的相互绕转和地球的自转中。这就是地球自转的由来。

为什么我们感觉不到地球在运动

在赤道上，物体随地球自转的运动速度达 465 米/秒，一天约移动了 4 万千米。地球绕太阳公转的运动速度更快，每秒就要跑 30 千米。可是，为什么我们一点也感觉不到地球在运动呢？

地球这艘“大船”在宇宙空间航行的时候，只有远处的星星，可以帮我们看出一点运动的迹象。但星星离我们实在太远了，短时间里很难察觉出它们在移动。而我们周围的一切事物，正和我们自己一样，随着地球一起运动，所以我们感觉不到地球在不停地转动。但不要忘记，我们每天看到太阳、月亮、星星的东升西落，就是地球自转的结果。至于地球公转，我们可以通过观测天空中星星位置的变化来证明这一点。如果我们每天夜晚在同一时刻观测天空，就会发现，天空中星座的位置正一天一天地由东向西移动。原来出现在西边的星座，渐渐地下沉，看不见了；而东边又会升起一些原先看不见的星座。1 年过去后，你就会发现，天空中又出现了你开始观测时所见到的星座。这就表明：地球已经环绕太阳整整转过 1 圈了。

地球的自转为什么不是匀速的

长期以来，人们一直以为地球均匀不变地绕着自转轴旋转，大约每 23 小时 56 分旋转 1 周。

实际上，地球并不是那么老老实实地按照均匀速度自转，在 1 年内，它有时快，有时慢。

地球的自转运动不仅在一年中是不均匀的，在许多世纪的过程中也是不均匀的。在最近 2000 年来，每过 100 年，1 昼夜就要加长 0.001 秒。而且，每过几十年，地球还会来一个“跳动”，有几年转得快，有几年又转得慢。到底是什么原因导致地球这种行为呢？

科学家孜孜不倦地找寻原因，现在答案已逐步明朗：南极的巨大冰川，现在正在慢慢融化，这就意味着南极大陆的冰块在减少，南极大陆的质量在减轻。正是地球质量分布的变化影响了地球的自转速度。

月亮能引起地球上海水的涨落，这种涨落是和地球旋转的方向相反的，这样就使地球的自转速度逐渐变慢。

每年冬天，风从海洋吹到大陆上，夏天风又从大陆吹回海洋，这些流动空气的质量大得难以相信，竟有 300 万亿吨！这么大质量的空气，从一处移到另一处，过一阵，又从另一处移回来，这就使地球的重心起了变化，结果旋转速度也就时快时慢。

地球自转速度还与海洋洋流、地壳板块运动、地核物质的重新分布等原因有关，它们都或大或小地影响了地球自转速度。因此，影响地球自转速度变化的原因很复杂，这已经成为天文学的一个重要研究课题。

行星自转的情况是怎样的

让我们逐个看一下每颗行星的情况如何。

水星绕行太阳一周需要 88 天。今天的科学已经证明，水星每 58 天或 59 天自转一周，也就是说，水星的 1 个太阳日大约是地球的 180 天。

金星是最近发现的，它每 243 天自转一周。火星的自转速度和地球几乎相等。由于它的轴心倾斜着，所以它也像地球一样有季节之分。

木星是最大的行星，转得很快。它只要 10 小时又 2 分钟就自转 1 周。

天王星的自转很特殊，可以说它是侧卧着。

海王星与冥王星是比较远的星球，我们知道得比较少。根据推测，这两颗星球也在自转。海王星自转一周约 165 个地球日。而冥王星大约要 249 个地球日。

距离地球最近的是什么星座

人马星座

有时候我们可以测量某些东西，然而却不明白测量的真正意义。当我们想知道宇宙间的距离时，我们可以测量，但是我们却想不到测量出的数字是多么的大。

测量宇宙之间的距离是用一个特别的距离单位，我们称之为“光年”。简单地说，光年就是光在一年内行进的距离。光每秒种可以行进30万千米，一年行进约94605亿千米。

距离我们最近的是人马星座，大概有4.25光年的距离，这颗星在南半球可以看到。在北半球能看到的星球之中，距离我们最近的是天狼星，有8光年。

用肉跟能看到的星球中，最远的有80万光年。用望远镜能看到的最远的星球，要比肉眼能看到的远几千倍。性能良好的天文望远镜，可以看到60亿兆千米以外的星球。从那些星球发出来的光，要经过10亿年才会照到地球上。

地球上的日期是怎样计算的

当北京刚过午夜12点钟，新的一天又开始了。可是在北京以西的地方，像英国的伦敦却还是前一天下午4点钟；而在北京以东的地方，像千岛群岛已经快要黎明了。这是因为地球是一个旋转的圆球，太阳的东升西落，使午夜、黎明、中午不停地、周而复始地在地球上各地循环，每个地方都有当地的时间。那么，地球上的“今天”到底从哪里开始，“昨天”又是到哪里结束呢?

这个区分“今天”和“昨天”的地方是有的，它叫做国际日期变更线。你可以在世界地图上找到这一条线，但地面上是没有这条界线的，它是天文学家们所规定的一条假想的线。这条界线从北极开始，经过白令海峡，然后穿过太平洋一直到南极为止。这条国际日期变更线，在地球上180°经线附近，它并不是完全直的，而有些弯曲，为的是避开岛屿，不给太平洋有些岛上居民生活带来麻烦。地球上年、月、日的起算，都从这条界线上开始。它是地球上每一个新日期的出发站，同时也是终点站。日子从这里“诞生”出来以后，就开始它的“环球旅行”，它向西环绕地球一周，又重新回到诞生的地方，当再度越过这条界线时，新的一天又开始了。

为什么地球表面不像月球那样奇冷奇热

在地球上测到的最高气温是东非索马里半岛的伯培拉附近沙漠，温度为63℃，表层沙子的温度可达80℃左右。地球上测到的最低气温是在南极洲极点附近记录到的－94.5℃，这样的低温很难有生命存在。地球上极端最高最低气温相差157.5℃。

在月球上，朝向太阳的一面，温度会很快上升到140℃以上；背向太阳的一面，温度又很快下降到－140℃以下，温差近300℃，是地球日温差的近10倍。

地球与月球距离太阳几乎一样，单位面积上接收太阳的热能也几乎一样，为什么温差会如此不一样呢？归根到底是因为地球有广阔的大海和厚厚的大气。

月亮为什么会发生圆缺变化

月亮圆缺的变化，是由于月亮绕着地球运动，它本身又不发光而反射太阳光的结果。

我们知道，月亮在绕地球运动的过程中，它和太阳、地球的相对位置不断发生变化。当它转到地球和太阳中间的时候，月亮正对着地球的那一面，一点也照不到太阳光，这时，我们就看不见它，这就是新月，叫做朔。

新月以后两三天，月亮沿着轨道慢慢地转过一个角度，它向着地球一面的边缘部分，逐渐被太阳光照亮，于是我们在天空中就看到一钩弯弯的月牙了。

这以后，月亮继续绕着地球旋转，它向着地球的这一面，照到太阳光部分一天比一天地多，于是，弯弯的月牙也就一天比一天“胖”了起来。等到第七八天，月亮向着地球的这一面，有一半照到了太阳光，于是我们在晚上就看到半个月亮，这就是上弦月。

上弦月以后，月亮逐渐转到和太阳相对的一面去，这时它向着地球的这一面，越来越多地照到了太阳光，因此我们看到的月亮，也就一天比一天圆起来。等到月亮完全走到和太阳相对的一面时，也就是月亮向着地球的这一面全部照到太阳光的时候，我们就看到一个滚圆的月亮，这就是满月，叫做望。

月相变化

满月以后，月亮向着地球的这一面，又有一部分慢慢地照不到太阳光了，于是我们看到月亮又开始渐渐地变“瘦”。满月以后七八天，在天空中又只能看到半个月亮了，这就是下弦月。

下弦月以后，月亮继续“瘦”下去。过了四五天，又只剩下弯弯的一钩了。之后，月亮慢慢地变得完全看不见，新月时期又开始了。

月亮为什么老是以同一面朝着地球

从地球上看月亮，只能看到它的一面，它的另一面像是怕羞似的，老是“藏”着不让我们看到。

月亮为什么永远以同一面朝着地球，而另一面从来不转过来呢？

这是因为月亮一方面绕地球公转，一方面在自转，而它自转一周的时间，正好和它绕地球公转一周的时间相同，都是27.3天。所以，当月亮绕地球转过一个角度，它也正好自己旋转了相同的角度，如果月亮绕地球转了360°，它也正好自转了一圈，永远是一面朝着地球，另一面背着地球。

因为月球沿着椭圆形轨道绕地球运动，公转速度不像自转速度那么均匀，它的自转轴又不垂直于公转运动轨道面，因此我们有时能够看见月亮背面的一小部分。这样算起来，我们可以看到的月亮部分，大约是月球表面的59%。

为什么月亮上有那么多环形山

用望远镜观测月球表面，除了看见有大片平原和一些高山以外，还可以看到月球表面上有许许多多大大小小的圆圈。这每一个圆圈就是月亮上的一座环形山。在我们所能观测到的半球上，直径在1千米以上的环形山约有30万座以上。有一座叫贝利的环形山，直径有295千米，可以把整个海南岛放在里面。月球背面的环形山更多。

对于月亮上环形山的形成原因，现在有2种解释：一种认为，环形山是由于陨星撞击月球表面而形成的。月亮上没有空气，陨星可以直接撞击月面，撞击爆发出来的物质堆积成为圆形的环形山。一部分飞溅得特别远的，洒落在月面上便形成以蚧彨山为中心向四方伸展达几千千米的“辐射纹”。

月球环形山

另外一种解释认为，月球在历史上发生过猛烈的火山爆发，环形山就是喷射出来的物质凝结而成的。由于月面重力只有地球的1/6，所以火山喷发的规模大，往往形成巨大的环形山。

月球是从地球上分裂出去的吗

对月球是如何形成的，有3种不同的假说。1898年，英国天文学家乔治·达尔文提出一种假说：月球是从地球上分裂出去的。他认为，在太阳系形成初期，地球还处于熔融状态时，地球曾经快速自转，自转产生的巨大离心力把地球赤道区的一部分物质甩了出去，被甩出去的物质后来就形成了月球，在地球上留下的“伤疤”就是太平洋。根据计算，如果把月球物质回填到太平洋中刚好填满。观测还发现，月球每年都远离地球3厘米，由此断定，在遥远的过去月球可能离地球很近，甚至是同一天体。不过这一理论也遇到许多困难。例如，月球轨道面并不在地球赤道面内，而是有不小的倾角。这是和由赤道甩出去的理论相矛盾的。此外，理论计算表明，地球在46亿年前自转速率并没有快到足以把地球物质甩出去的程度。

有些科学家提出另外一种看法，认为月球是一个小行星，但是有一次它运行到地球附近，被地球的吸引力俘获，从此就成为地球的卫星了。水星、金星、地球、火星这四个相类似的行星中，只有地球拥有像月球这样的大卫星，这一事实很有利于这一假说。不过，最近又有美国和澳大利亚的科学家提出一种新的月球起源假说。看来，月球如何起源的问题还没最后解决。

月球上曾经有过人类吗

月球人的之所以存在是有一个非常明显的理由。如果我们在一个明朗的夜晚观察月亮，它留给我们一张似是而非的面孔。在太空旅行时代到来之前，许多科幻作家都描述过与我们相邻的奇怪生物。美国作家威尔斯曾写过一篇非常著名的小说，题名为《月亮上的第一批人类》。在小说中，他讲述了形体似蚂蚁样的生物，他称之为“透明石膏人”。他们居住在月亮上的山口或洞穴中。这些“人”很脆弱，用拳头轻轻一击就会破碎。

目前，太空探测和人类在月球着陆的成功已经为我们提供了月球的起源和历史演变的新线索。我们已经知道，当月球诞生时，由于它太小（只有地球引力的1/6）而不能留住大气或任何更轻的、像水一样的生命所需的物质。这就意味着月球过去是而且永远是一个干燥、贫瘠而没有任何生命存在的不毛之地。因而，我们可以知道月球上绝不会有人存在。

月球上有没有活火山

大约41亿年前，月球发生了第一次大规模的火山活动。大量岩浆的喷发，还引起了广泛的构造活动，形成了月面上最大的山脉——长1000多千米、高3~4千米的亚平宁山脉和一些陷落盆地。以后岩浆活动便逐渐减弱，一直到39亿年前左右，月球又发生了一次巨大的变动。

那么，月球现在还有没有活火山呢？应该说，根据人类对月球的多次宇航探测，至今没有发现月球有现代活火山活动的证据。不过，自1787年以来，人们已屡次观测到月面上时而会骤然出现神秘的闪光，闪光一般持续20分钟左右，有的也可延续几小时。据统计，200多年来已观测到这种闪光上千次。闪光究竟是怎样形成的呢？人们至今仍议论纷纷，莫衷一是。其中有一些人认为，它可能是月面上喷气活动的反映，是喷气中尘埃粒子反射太阳光的结果。如果这一观点是正确的，那就说明月球上的火山活动还没有完全停息，虽然没有岩浆的喷溢，但与火山有关的喷气还在时而发生。

月球上有空气和水吗

1969年7月21日，“阿波罗Ⅱ号”宇宙飞船载着航天员第一次登上了神秘的月球，实现了人类的登月之梦。以后。1969～1972年，又有10名航天员探索了月球表面，从此揭开了月球神秘的面纱。航天员在月球表面拍摄了1.5万张照片，带回了380千克的月岩及月壤的样品。探索结果不仅击碎了美丽的神话，还发现月球上面既没有水也没有空气，白天酷热，夜晚奇冷，没有花草树木，更没有飞禽走兽，是一个寂静、荒芜的世界。在月球上，由于没有空气，声音也无法传播，航天员只有利用无线电波才能进行通话。

令人高兴的是，1998年初，美国"月球探索者号"飞船，在对月球作进一步探测时发现，在月球的南北极，终年照不到阳光的环形坑内的土壤中，存在着大量的水冰。根据初步估计，这些水冰可能多达100亿吨。这个发现，为人类进一步开发月球提供了必要的保证。因为，未来的月球居民可以从水冰来获得必要的水源，并可以把水分解成氢气和氧气，从而得到人类和动植物呼吸所需要的空气。看来，到月球上去生活并非仅仅是幻想。

月球上有"海洋"和"陆地"吗

17世纪初，意大利科学家伽利略第一次用自制的望远镜指向月亮时，他没有看到美丽的嫦娥，却发现月亮上坑坑洼洼、凹凸不平。伽利略认为，那些凸起的明亮的部分一定是高山和陆地，称为"月陆"；而那些凹下去的暗浅的部分一定是海洋，称为"月海"。伽利略还给这些"海洋"取了名字，如云海、湿海、雨海、风暴洋等等。

月海

这么说来，月球上真的有“陆地”和“海洋”？

随着天文观测技术的进步，特别是宇航探测技术的发展，人们又进一步发现，月亮上明亮的部分确实是高地、山峰和环形山等，但暗淡的部分却并非是海洋，里面根本没有水，只是些低洼而广阔的大平原而已。尽管如此，“月海”这个并不确切的名称一直沿用到现在。

由于月海一般都比月陆低2000～3000米（最深的地方要低6000米），再加上月陆部分主要是由浅色的岩石组成，而月海部分主要由暗色的熔岩物质组成，所以，月陆部分反射太阳光的本领强，看上去较明亮；而月海部分反射太阳光的本领弱，看上去就暗淡一些。

月亮是在逐渐远离地球吗

200多年前，天文学家就根据日月食的资料发现月亮绕地球旋转的轨道在逐渐变大，也就是说月亮在慢慢地远离地球。现代的精密观测证实了这个观点，并且计算出，近年来月亮正以每年3厘米的速度在远离地球！

是什么原因使月亮逐渐远离地球的呢？原来是月亮的潮汐作用在作怪。月亮的引力在地球表面海洋上引起了潮汐，潮汐的传播方向与地球自转方向相反，它与洋底的摩擦使地球自转速度变慢。当然，这是一个非常小的量。“地—月系统”要保持角动量平衡，地球自转减慢所损失的角动量就转移到月亮的轨道运动上去了。结果使月亮公转速度加快，随之离心力也加大，月亮就逐渐被推离地球。

人们也许要担心，月亮会不会逃离地球，而不再与地球相伴？不会。因为如果一旦地球的自转速度减慢到与月亮绕地球的公转速度一致，此时，在海洋上潮汐的传播就会消失，促使地球自转变慢的这个因素将不复存在，月亮离地球的距离就再不会增加了。

什么是月掩星

月球是离地球最近的自然天体，从地球上看，月球在天空中是直径约为0.5°的天体，它自西向东运动，平均每天在天空中移动13°。当月球运行到地球和太阳之间，三者成一直线时，月球遮住了太阳，就发生日食；当月球遮住别的遥远的恒星时，就会发生月掩星。

月掩星

早在几百年前，天文学家在观测月掩星时，发现被掩恒星瞬间消失，由此推断月球上没有大气。而通过现代的观测手段研究月掩星时，人们发现，被掩恒星的星光在月面附近会发生物理上的衍射现象，这种现象虽然只持续约0.05秒，但用快速光度计和计算机完全可以记录下来。研究星光的衍射图样可以测定被掩恒星的角直径，或者研究恒星周围的大气。因此，观测月掩星不仅是天文学家的工作，同时也是天文爱好者热衷的观测项目。

月球除了掩恒星之外，还会掩它轨道附近的射电源、红外源和X射线源。通过这些观测可以获得这些辐射源的精细结构。20世纪50年代，天文学家曾根据对月掩金牛座强射电源的观测，而证实它是公元1054年超新星的遗迹。

月球也能掩行星，称为月掩行星；行星也能掩恒星，称为行星掩星。它们是比较少见的天象。

为什么会发生日食和月食

我们知道，月球围绕着地球旋转，同时，地球又带着月球绕太阳旋转。日食和月食就是由于这两种运动所产生的结果。当月球转到地球和太阳的中间，而且这三个天体处在一条直线或近于一条直线的情况下，月球挡住了太阳光，就发生了日食；当月球转到地球背着太阳的一面，而且这三个天体处在一条直线或近于一条直线的情况下，地球挡住了太阳光，就发生了月食。

发生日食时，月球遮住了太阳，会在地球上留下影子。站在地球上被月球本影所扫过的地方，就完全看不到太阳，这叫做日全食；而站在地球上被月球半影所扫过的地方，看到太阳被月球遮住了一部分，这叫做日偏食。有时，由于月球离地球的距离不同，发生日食时，月球的影子不到达地面，那么在被月影延长线所包围的区域内，人们还能看得见太阳的边缘，也就是说月球只遮住了太阳的中心部分，这种现象叫做日环食。日全食和日环食阶段前后还能看到日偏食。在更难得的情况下，一次日食过程中，由于月球到观测点距离的变化，有些地方可以看到日全食，有些地方可以看到日环食，这就称为全环食。

日偏食

发生月食时，当月亮部分进入地球的阴影（本影）时，这叫做月偏食；而当月亮全部进入地球阴影时，这就叫做月全食。

为什么日食和月食不是每月都发生

地球围绕太阳运行所在的平面叫黄道面，月球围绕地球运行并不在黄道面内，月球绕地球公转的轨道面和黄道面斜交，交角大约是5°。有时在某月的初一，月球虽然走到太阳和地球之间，但三个星球并不在同一平面内，月球或者在黄道面之上或者在黄道之下，就是说，三个星球并不在一条直线上，这时月影扫不到地面，也就不会发生日食了。同样道理，在某个月的十五或十六，虽然地球在太阳和月球之间，但月球却不在黄道面内，也就不会走进地球影锥，因此也就不会发生月食了。

由此可见，日食必定发生在农历某月的初一，但并不是每月的初一都发生日食；月食必定发生在农历某月的十五或十六，但并不是每个月的十五或十六都能发生月食。

月到中秋分外明吗

月亮在一个椭圆轨道上绕地球转动，因此，月亮与地球的距离有时远些，有时近些，在35.64万~40.67万千米之间变化着。中秋节时，月亮常常不是在离地球最近处，也就不会比其他月份的月亮更明亮了。实际上，中秋节晚上的月亮常常没有下一天十六晚上的月亮圆和亮。

中秋月

那为什么人们觉得中秋节晚上的月亮分外明呢？这完全是主观感觉和多年来流传下来的风俗习惯造成的。春天天气还较冷，人们不常在室外观赏星星与月亮；夏天月亮较低，月光较少，而天空的星星又特别多，夜晚在户外乘凉时，主要观看银河和牛郎、织女星，以及在南方天空中天蝎座里那颗火红的“心宿二”；冬天虽然月光多，但天气寒冷，谁还愿意出外观赏星月呢？秋天不冷不热，秋高气爽，月亮就成为观赏的主要对象，怪不得人们总认为“月到中秋分外明”了。

什么原因导致金星表面温度特别高

金星离太阳比地球近30%，它表面温度应该比地球高些，这是完全可以预料和理解的。可是，当科学家们通过观测发现金星表面温度竟高达465～485℃的时候，也感到有点惊讶。

什么原因使得金星表面温度如此高呢？

现在已经知道，金星大气中二氧化碳的含量达到难以想象的程度，在97%以上。大气低层的二氧化碳含量还要高些，达99%，几乎全是二氧化碳了。而我们地球表面附近的大气层中只含有约0.03%的二氧化碳，与金星比起来，实在太微不足道了。此外，金星大气中还有少量的氮、氩、一氧化碳、水蒸气等。

就在离金星表面30～40千米高空的大气层里，存在着很厚的浓云密雾。更加令人惊奇的是，这层浓云竟是由雾滴状的浓硫酸组成的。在地球上，硫酸是重要的化工产品，想不到它在金星上竟然是大量存在的天然产品。

金星大气可以反射约76%的太阳光，这使得金星在天空中显得特别明亮。其余24%的太阳光穿过金星大气，照射到金星地面。本来的情况应该是，照射到金星地面的24%太阳光中，有一部分会从地面返回太空，可是，金星大气层中浓密的二氧化碳却起了阻碍作用，就像给金星盖了一床大棉被。太阳辐射的热量在金星表面附近越积越多，温度也越来越高，达到了现在难以想象的程度，产生所谓的“温室效应”。

为什么火星上会出现“大风暴”

火星是一颗明亮的红色行星，我国古代称之为“荧惑”。同地球一样，火星也有大气层，但不同的是，火星大气层很稀薄。当年，“海盗号”探测器的登陆器登临火星时，直接测量出火星表面的平均气压还不到地球海平面处大气压的1/100。火星大气的主要成分是二氧化碳，占95.3%；其次是氮气，占2.7%。火星大气中水的含量只是地球大气中水含量的1/1000。火星上也有诸如云、风暴等大气现象。

火星上经常发生风暴，这主要是大气环流造成的。当火星表面的风速较大，达到50~100米/秒时，就会带起尘埃和沙粒，产生尘暴。尘暴是火星大气特有的现象。典型尘暴中的微粒绝大部分直径在10微米左右，一些更小的微粒可以被风吹到50千米的高空。尘暴的起因可能与太阳对大气的加热有关。大气受热后，因温差引起不稳定，因而扬起尘埃。尘埃到达空中，可以吸收更多的热量，使热气流迅速上升。这时，冷空气过来填补它的位置，使风力加强，尘暴的范围变广。在一些风速较大的地区，如靠近极冠的区域（这里温差较大）及高地区域，更加容易发生尘暴。

火星上有生命吗

到目前为止，先后有20多艘空间探测器对火星进行了探测。其中，1976年7月和9月，美国的“海盗1号”和“海盗2号”的登陆器还在火星表面软着陆。探测结果表明，火星大气很稀疏，不及地球海平面大气压的1/100，主要成分是二氧化碳（约占95.3%）。极冠主要由干冰和水冰组成。火星上的细条纹也不是什么“运河”，而是干涸的河床，在古代可能曾有液态水流过。为探索火星生命之谜，“海盗号”探测器还进行了一系列生物探测实验，结果却令人失望，整个火星没有发现生命活动的痕迹。

1997 年 7 月，美国“探路者号”探测器携带一辆名叫“漫游者”的六轮小跑车，在火星表面进行探测，结果证实了当初“海盗号”探测器的结论，这次火星探测也没有发现任何生命迹象，但这并不排除过去曾有生命的可能。在不久的将来，美国将送航天员去火星，这可能有助于进一步揭开火星生命之谜。

为什么火星看上去是红色的

火星，似火一般在夜空发出火红色的光芒。从望远镜中看去，火星宛若一团燃烧的火球。这一现象曾一直使古人迷惑难解。

那么，火星为什么会呈火红色呢？

大家知道，火星是太阳系八大行星之一，行星是不会发光的，我们所看到火星火红的颜色是它反射太阳光的结果。

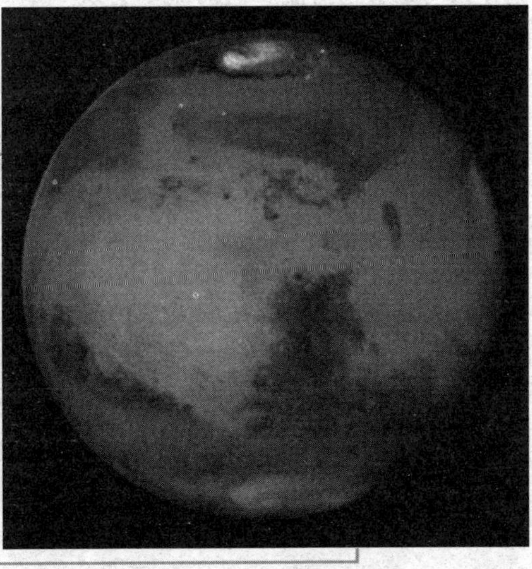

火星

据研究，火星表面的岩石含有较多的铁质。当这些岩石受到风化作用而成为沙尘时，其中的铁质也被氧化成为红色的氧化铁。由于火星表面非常干燥，没有液态水的存在，这使火星上的沙尘极易在风的驱动下到处飞扬，甚至发展成覆盖全球的尘暴。1971 年，当“水手 9 号”空间探测器飞临火星上空时，就曾观测到一次巨大的尘暴，尘暴先是从南半球开始，然后扩展到北半球，把整个行星都笼罩在尘埃之中。尘暴持续了几个月之久，大气中的沙尘才逐渐沉落，使火星表面恢复原来的状况。正是这种反复发作的尘暴，使火星表面几乎到处都覆盖着厚厚的氧化铁沙尘，结果火星表面便呈现出红色的面貌。在太阳光的照射下，火星在夜空中荧荧似火，发出火红色的光芒。

火星上有运河吗

1877 年，天文观测技术已有了较大的进步。这一年也正是火星最接近地球所谓“大冲”的时候，意大利天文学家斯基帕雷利想利用这个机会画一张火星地图。结果他发现，火星上有一片片颜色较暗的区域，像是海，还有一条条暗线，好像从这个海通向另一个海，或是相互汇合成一条。这是什么？难道是河流？但河流不会从一个海通向另一个海。于是斯基帕雷利大胆猜测，说它是火星上智慧生物开凿出来的“运河”。

那么火星上是否真的有“运河”呢？随着天文观测技术的发展，高分辨率望远镜的使用，人们终于发现那些被称为“运河”的暗带，实际上是由许多大小不一、各个独立的陨星坑组成的。在分辨率不高的情况下，由于人们的视觉错误，才把它们连成了一线。正由于它们不是实际存在的线，而是由点连接而成的，所以不同的观测者才会凭各人主观的视觉差异，画出不同的线条。

火星运河

近代，人类又发射了空间探测器，对火星进行更进一步的观测和研究。探测器从火星上空近距离拍摄了大量火星照片，科学家通过对这些照片的分析和研究，彻底否定了火星运河的存在。

为什么说海王星是在数学家的笔尖下发现的

天王星被发现后，人们都想一睹为快，掀起了一股观测天王星的热潮。时隔不久，天文学家就发现，地球的这位“新兄弟”是一个性格很别扭的行星，别的大行星都准确地遵循着由牛顿万有引力定律推算出的轨道绕太阳运行，唯有天王星显得有点不安分，时时会有“越轨”的现象。天文学家设想，在天王星的外面，一定还有一颗未被发现的行星，正是这颗尚未露面的行星的引力，“扰乱”了天王星的轨道。

1845 年 10 月，26 岁的英国剑桥大学学生亚当斯，经过整整 2 年艰苦的运算，首先得到结果，算出了那颗未知行星的空间轨迹，并马上把结果送到英国格林尼治皇家天文台台长艾里的手中。可惜，亚当斯时运不济，这项里程碑式的工作并未得到权威的充分重视，论文被束之高阁，没有及时地加以观测验证。

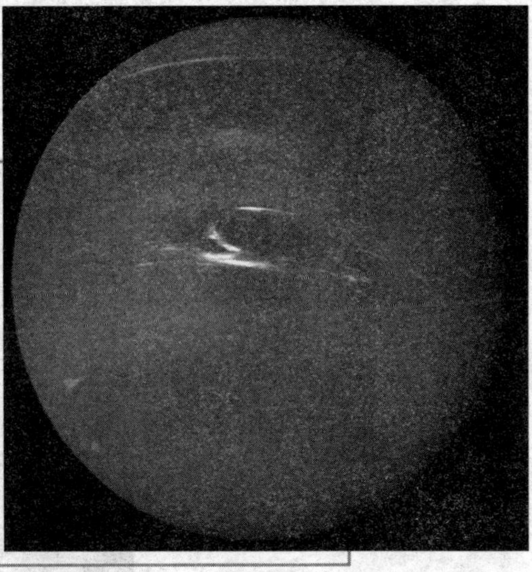
海王星

相比之下，法国人勒维耶则幸运得多。1846 年 8 月底，这位 36 岁的年轻人也完成了计算。他把计算结果分别寄送给欧洲大陆的几个天文台，请求他们帮助进行观测验证。9 月下旬，德国柏林天文台的天文学家加勒在收到信的当晚，便在勒维耶所指的天空位置上找到了这颗新行星。后来人们用希腊神话中大海之神的名字命名了这颗行星，中文就叫“海王星”。

勒维耶和亚当斯从笔尖下发现了海王星，他们的名字被永远列入天文学的史册之中。

冥王星究竟算不算太阳系的大行星

在冥王星发现后不久，1936 年，天文学家黑特顿和库珀就提出，冥王星不能算是太阳系的大行星，只不过是海王星的一颗逃逸掉的卫星而已。根据他们的看法，冥王星及海卫一原先都是绕海王星顺向转动的卫星。在一次偶然的机会里，这两颗卫星离得比较接近，在相互引力作用下，海卫一变为逆行卫星，而冥王星获得额外的速度，离开海王星成为绕太阳运转的第九颗行星。根据当时的推算，冥王星的质量大于海卫一，因此这种看法，在一段时间内为不少人所接受。

1978 年测得冥王星的质量只有地球质量的 0.0015 ~ 0.0024 倍，密度为 0.3 ~ 2.5 克/厘米^3。这么小的质量，怎么能使海卫一的运动方向从顺行改变为逆行呢？因此黑特顿和库珀的看法是不正确的。当然冥王星的出身，还有其他说法，比如有人认为，冥王星是海王星的一颗卫星，而海卫一是一颗形成于太阳系内部、岩石型的类似于小行星的天体，它与另一颗小行星碰撞，形成了偏

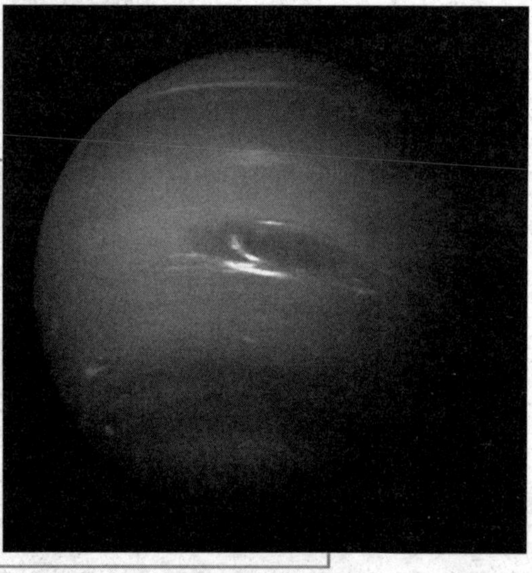

冥王星

心率很大的轨道，跑到海王星系统内，把冥王星从海王星系统内驱逐出去，而它自己却变成逆行卫星，冥王星的卫星也是在这次事件中，从冥王星本

体撕裂出去的。

就目前来看，尽管冥王星过去是不是海王星的卫星尚无定论，但现在绕太阳公转的观测事实说明它肯定是一颗行星，由于它的质量和大小都比其他大行星小得多，有的天文学家愿意把它归入小行星一类。不过，最大的小行星谷神星的直径不到1000千米，又比冥王星小得多，大多数天文学家仍然认为冥王星应归属太阳系大行星之列。

含铁比例最高的行星是水星吗

水星主要是由铁、镍及硅酸盐的混合物组成的，在表面壳层里面，隐藏着一个巨大的铁核，这个铁核的半径相当于它整个半径的3/4，与月球的大小（1738千米）相仿。这样算起来，水星质量的60%都是铁，总重量为20000亿亿吨。因为它含铁量这么高，所以平均密度达到5.48克/厘米^3，比金星还大。

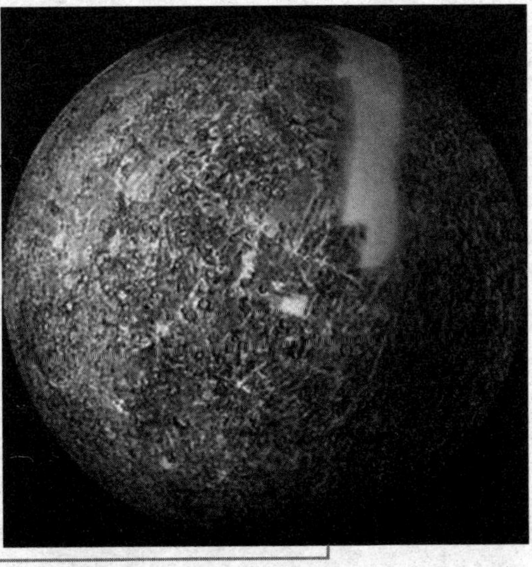

水星

在地球上，含铁量大于45%的铁矿石就算是“富铁矿”了，这么说来，整个水星等于是一个超巨型的特大“富铁矿”。现在世界上的钢产量不过7亿多吨，如果能够开采这座“大铁矿”的话，足足可供我们用上2800亿年！

水星是年最短、日最长的行星吗

一年365天（闰年366天），每天24小时，似乎是天经地义的事情。但一到水星上，这种日历就完全乱了套。因为水星上的“1天”却等于它整整“2年”！

根据“年”的定义，“水星年”就是水星绕太阳转一圈的时间，人们早就知道那是88个地球日。而所谓“1天”，应当是太阳连续2次升起或落山的时间间隔。由于水星自转速度非常慢，在水星上看来，1个“水星日”要相当于地球176天，亦即等于2个“水星年”。所以倘若“水星人”也像我们“日出而作，日没而息”，晚上呼呼大睡，则一觉醒来便长了1“岁”，这不仅是度日如年，而是“度日胜年”了！

水星是昼夜温差最大的行星吗

从理论上说，水星和太阳的距离只有地球的1/3左右，所以它受到太阳光的照射要比地面上强6倍。

但水星上的实际情况比这还要可怕得多。地球上由于有厚厚的大气层，挡掉了许多阳光，等于包了一层棉被；加上有浩瀚的海洋，可以调节气温，所以昼夜温差不大。水星上几乎没有空气，几乎没有云，不能反射阳光，又没有海洋，无法调节气温，加上“白天”长达88个地球日（2112小时），所以在水星的赤道上，“中午时刻”（相当于我们地球上几个星期长）可热到427℃。在这样的高温下，不仅所有的水早变成了蒸汽不翼而飞，就连你带去的半导体收音机和精密电子仪器，也都成了一堆废物——塑料外壳完全熔融了，所有的焊接零件也纷纷落下，因为焊锡早化成了“锡水”。但是一到日落西山，温度又急剧下降，深夜的温度是－173℃。

因此，水星上“1天”之内，冷热相差竟达整整600℃，有什么有机生命能忍受得了呢?

为什么水星难得一见

水星的光并不弱，比最亮的恒星天狼星还亮 60%，比土星还亮 1.5 倍，可算得上一个很亮的星，但要见它一面却并不容易。因为它的轨道在太阳附近，在地球轨道之内（故也称它为“地内行星”），所以从地球上看来，它总是几乎和耀眼的太阳形影不离，充其量，它们之间不会超过 28°。所以有时在太阳升起前 1 个多小时，它在东方地平线上稍一露面，就在太阳的光辉中隐没了，有时则在太阳降落后出现，但不一会儿，就在美丽晚霞的掩护下，匆匆躲进了地平线。只要有些薄雾或者城市灯光的干扰，肉眼就很难找到它的踪迹。据说，伟大的天文学家哥自尼，就因为一直未能见它一面而遗恨不已。

全天最亮的星星是金星吗

在迷人的夜空中，再也找不到什么星比金星更明亮动人的了。金星发出宝石般的光芒，最亮的时候，甚至可把物体照出影子来，即使在白天也可见到。它的亮度比天狼星强 14 倍，比火星强 4.8 倍，比木星强 3.4 倍。

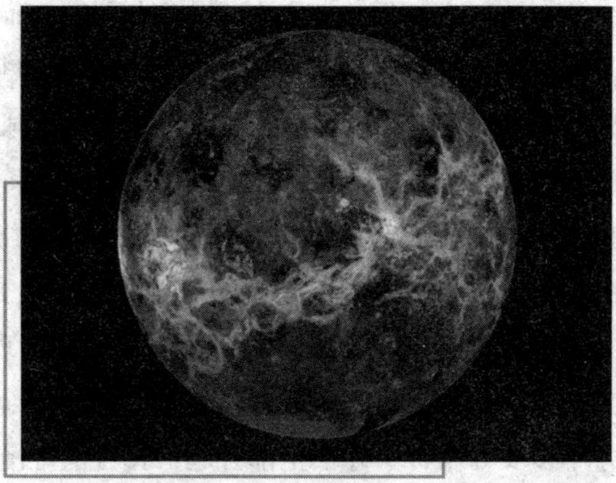

金星

金星所以这样明亮有几个原因：它离太阳和地球都比较近，加上它有浓厚的大气和云层，所以反射光的本领特别强。金星的大气早在200多年前（1761年）就被俄国学者罗蒙诺索夫发现了，这也是人们最早发现的行星大气。

为什么说金星是最像地球的行星

论“个儿”，八大行星中，金星与地球最为接近。金星的直径是地球的95%，质量也达地球的81.5%。它们的平均密度只差5%，表面的引力也只有10%的区别。一个在地球上体重50千克的人，在水星上仅有16.5千克，在火星上则是19千克，可在金星上仍有44千克之多。金星离地球最近，它们距离最短时只有4000万千米。它也有一层大气。所以，一些热心人就把它称作地球的“姐妹星”。然而现在知道，这一对“孪生姐妹”的“面貌”，实际上几乎没有什么共同之处。

金星是自转最慢的行星吗

金星的自转问题一直到20世纪60年代应用了雷达技术才搞清楚。原来它的自转与众不同，不仅转得特别缓慢，而且方向也同其他大行星相反。地球等大行星，都是自西向东自转，金星却是自东向西自转。它自转一圈的时间，需要243个地球日，即相当于地球上8个月！比它绕太阳一圈（224.7天）的时间还长半个多月。天文学家们算出金星上的1“天”（昼夜）为117个地球日，这也是仅次于水星的次高纪录。有趣的是：水星上的1“天”等于2“年”，而金星则差不多是1“年”等于2“天”。

因为金星自转是反向的，所以在那儿出现了“西天出太阳”的奇妙景象！我们地球上的日出只有几分钟时间，但金星上的太阳走得比蜗牛还慢，差不多要6个钟头才会全部升起，真可谓奇慢。

火星上为什么刮"尘暴"

地球上常有风暴发生，它会给人民的生命财产带来不小的损失。火星上空气稀薄，风本身"暴"不起来，但是它有一种独特的大气现象——"尘暴"，其形状就像黄色的"云"。火星的尘暴刮起来遮天蔽日，天昏地暗(在地球上用大望远镜也可看到)，范围可蔓延到整个火星表面，历时能长达几个月之久。如1971年11月，美国"水手9号"飞船飞抵火星上空时，那个从9月开始刮起的大尘暴仍在火星表面上横冲直撞，弄得到处迷迷朦朦，使飞船找不到合适的"摄影处"，转来转去也未拍到什么好照片。一直等到1972年1月2日，才给地球发回了第一批有用的资料。

发生尘暴的原因，是因为火星表面各处受热不匀，使火星低层大气发生大规模的湍动，把无数细小尘粒（直径约为10微米）刮到空中。而上升的尘粒又可吸收更多太阳的光和热，如此反复循环，使尘暴规模更加扩大。

木星是最大的行星吗

木星是行星世界里的"巨人"。它的质量有2亿亿亿吨，不仅比地球大得多，就是它的7个"兄弟"合在一起，质量也只及它40%。木星的赤道半径为71400千米，所以在它赤道上绕一圈长达450000千米，比我们到月球的距离还远呢！

这颗最大的行星的结构很

木星

奇特，它不像水星、金星、地球和火星那样，有一个坚实的岩石表面。在它浓密的大气下面，是一个液态氢构成的浩瀚的大海。由于那儿的气压很高（几千大气压），所以尽管液氢里面的温度有 5000℃左右，但并不会蒸干，只是像一锅鼎沸的油那样在剧烈地翻腾。液氢的下面则是一层很奇特的金属氢层（也呈液态），它可以像金属一样导电。至于最核心部分是什么东西，现在还不能肯定。有人认为尚有一个半径 1.2 万千米的固体岩芯，也有人认为整个木星根本没有固体。

木星上的“太红斑”究竟是什么

木星最引人注目的特征是那个椭圆形的“大红斑”，它位于木星的南半球上。“大红斑”在木星上的相对大小，和我们地球上的大洋洲相仿，可它的实际面积却非常可观，大小有 10000 千米 ×40000 千米左右，可以排得下好几个地球。奇妙的是，从 1660 年发现以来，虽然它的亮度和颜色已几经变化，可是它的大小及形状在 300 多年间却一直没有明显的改变。

大红斑究竟是什么东西？至今还在争论中。许多人认为这是木星上一个超级的特大风暴，有的则认为是一个含有大量红磷化合物的长寿命漩涡；也有的主张是一团剧烈上升的气团。1979 年 3 月，美国“旅行者 1 号”曾飞到离木星上空 500 万千米的高空，拍得了不少大红斑的彩色照片。从照片中可清楚地看出，大红斑确实是一个巨大无比的大漩涡，内部还有很复杂的细节结构。

木星大红斑

令人迷惑不解的是：木星的大气表面温低到 -100 多℃，分子运动应当是缓慢的，怎么会出现这样巨大的漩涡，而且居然能保持 300 多年经久不衰？

为什么说木星最像恒星

长期以来，人们总是把能不能发光作为区别恒星与行星的标准。太阳能发光，所以归入恒星；而地球和火星等，完全是靠反射阳光发亮的，因此统统称为行星。

科学家们近来发现，木星在不少方面竟像一颗恒星，至少说它有些“不伦不类”。这不仅是因为它的化学成分与太阳相似，也是氢、氦为主（氦是氢的 10%），而且还在不断地发出“光”和热来！甚至和太阳一样也会发出无线电波（射电）和能量较高的电子。

木星发出的光是肉眼不能察觉的红外光，它使得木星大气的温度比理论计算值高了 50℃。木星发出的电子也可跑得很远，向内可以打到水星的区域，向外则可射到土星周围。

木星的半径是地球的 10 多倍，是太阳的 1/10 多，难怪它会有些像恒星了，可它也只能说是“有些像”而已。木星的质量只有太阳的 1/1000。如果它的质量再大上 70 多倍，那时内部的压力和温度就会达到引起热核反应的程度，而会变成一颗真正的恒星了。

木卫 3 是最大的卫星吗

与行星一样，卫星彼此间大小相差也十分悬殊，大的“个儿”超过了冥王星和水星。过去认为最大的是土卫 6，又名“提坦”，当时测定它的半径为 2900 千米 ±200 千米（“±”表示可能的误差范围），介于水星与火星之间。

提坦是一个橙红色的星，离土星中心的距离是土星直径的100倍。最奇特的是它具有可与我们地球相比拟的浓厚大气层（其他两个卫星：木卫3和海王卫1可能也有大气，但没有它那样浓密）。其主要成分是甲烷、氢以及乙烷、乙烯、乙炔等有机分子，这恰与我们地球上当初孕育出生命来的原始大气很类似，所以科学家们对它寄予着很太的希望。

“旅行者”的探测，极大地丰富、深化了人们对于卫星世界的认识。现在知道：土卫6也是一片不毛之地，而且，从“旅行者”发回的资料看来，冠亚军已颠了个倒。实际测量表明，土卫6的半径仅2560千米，而原来第二名的木卫3，半径却有2650千米，因而成为新的冠军。它的质量14900亿亿吨，差不多是冥王星质量的10倍。

木星和天王星也有光环吗

以前人们只知道土星有个美丽的光环，但是近几年却发现天王星和木星都有自己的“光环”。把它们打上引号，是因为这两个环实际上都极暗，几乎不发可见光，肉眼也看不见。

天王星的“光环”是意外发现的。科学家们在观测1977年3月10日的天王星掩星（即挡住远处恒星的光）中，总觉得有些异常现象，经分析，这是天王星“光环”在作怪。现在人们已辨出，天王星的“光环”由9个环组成，总宽度有几千千米，主环只有100千米。环内尽是小的岩石块。

最近发现的木星“光环”得来也颇不容易。因为从“旅行者1号”发回的18700多张照片中，只有其中的1张显示出木星周围有个暗淡的“环”。要不是有2年前天王星环的先例，人们也许还不敢贸然下结论呢！后来，从这一大堆照片中，又找到了2张可作“旁证”的。不久后，“旅行者2号”再度拜访木星，才把一切疑云扫除殆尽。据测定，木星“光环”厚度不到30千米，宽度不到9000千米，绕木星一圈的时间为7小时，速度比木星的自转还快。组成木星环的也是一些黑暗的石块，与天王星“光环”差不多。

为什么说土星是最美丽动人的行星

土星的名字虽“土”，但在它身上却找不到一丁点儿泥土，也丝毫没有什么“土气”。相反的，土星是天空中最“时髦”、最美丽动人的天体。凡是在望远镜与它见过一面的人，就绝不会忘记它那漂亮的身容。

土星有一个美丽的光环。这个光环，实际上包含了好几个环，总宽度达20万千米，但厚度却出奇的小，只有2～4千米。倘按比例缩小，光环就像一张足以盖没羽毛球场的薄纸。土星的光环比较亮，是因为组成光环的大多是能反射光线的小冰块。如果把环中的物质全部凝聚在一起，则可构成一个相当于月球大小的卫星。

美丽的土星光环

土星光环实际上是无数小光环组成的，远远看去就像一张硕大无朋的密纹唱片。

密度最小的行星是土星吗

土星在行星行列中，也可堪称为一个“巨人”。它的赤道半径有60000千米，仅比木星小10000千米，所以环游它一圈就相当于我们到月球去探险旅行。但土星的质量却只有木星的29.9%，为5688万亿亿吨，因此不难算出，它的平均密度只有0.7克/厘米^3，亦即比水还小30%。倘若真有一个硕大无边的大海，则土星可以像软木塞那样，浮在这个海上随波逐流……

土星虽然巨大，质量有我们地球的95倍，可是它的表面引力并不大，只比地球上大15%，也就是说，地球上体重为50千克的人，在土星上也只不过重57.5千克。

围绕土星的光环是什么

伽利略是第一位用望远镜观测天空的人，他在1610年第一次观测时，发现了一种奇异的景象：在土星的周围有一道环。

1655年，有位叫霍金斯的天文学家，用更精密的望远镜研究土星。他也发现了这种景象。于是用密码把所见的记录下来，翻译出来是这样的："土星上围着一道薄而平扁的环，但是环并没有和土星接触，并且倾向于赤道"。

第一次看到土星光环的人都感到惊奇，现在它仍然是我们太阳系中的一个大奥秘。据我们所知，像这样的光环，在其他行星周围并不存在。

土星光环一共有内外3层。其特征是：①3层环全是在同一个平面上；②每条环围绕着土星的赤道；③每道环向外凸出，宽度大约有27.35万千米。

土星的环中层最明亮，有一道黑暗的空间，把它和外层分开，而最里面的环最黑暗。据我们所知，这道环并不是连续的固体或液体物质，而是由极小的物体碎片组合而成的。但是从地球上看去，似乎这些物体都结合在一起。因为这道环是倾斜的，所以我们先看到的是北边，然后看到南边。但是这道环是什么，为什么会有这道环，目前还没有人能解释清楚。

天王星是肉眼可见的最暗的行星吗

在晴朗无月的夜空中，一个视力正常的人，能看到最暗的星是6等星。

天王星最亮时的星等是5.5等，比六等星要亮60%左右。按理说，它早就应该引起人们的注意，可是不知为什么，在18世纪以前的漫长岁月中，竟会无人注意它！

一直到1781年，英国一个音乐师威廉·赫歇尔，在用他自制的望远镜作巡天观测时，发现了一颗特别的天体，它有一个隐约可见的绿色视圆面。赫歇尔最初把它当作彗星，因为从来还没听说过行星能为人发现。但从接连的观测中，很快算出了它的轨道，证明它确实是一颗行星。这是在水、金、火、木、土等早为人们所知的行星之外，在18世纪第一颗被人发现的行星，也是肉眼能见到的最暗的行星。它被取名为天王星。

其实，在赫歇尔之前，并非真的无人见到过它。有很多"历史文献"曾经有过记载。甚至在1609年（望远镜还未指向天空），就已有人和它打过交道。

为什么说天王星是自转最奇特的行星

天王星的半径不到26000千米，质量874万亿亿吨，平均密度为1.3克/厘米^3，这些都没什么特别的地方。

精彩的是它奇怪的自转方式。它的赤道面与轨道面的交角为98°，所以像一个淘气的孩子，一直在"地上"打滚。如果你来到天王星上，看到的天空将是混乱不堪的。如在天王星的"夏至"和"冬至"时，太阳几

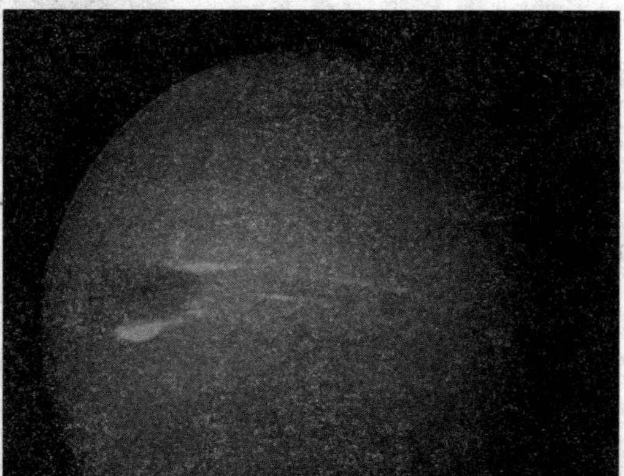

天王星

乎在极点的头顶上。从赤道上看，太阳又几乎一直在地平线附近打转儿。在天王星的北极处，自“春分”日太阳升起后，一直要经过42年才会落下；而接着的42年却又是永恒的黑夜。

在天王星的天空中，水星、金星、地球、火星是无法看到的，因为它们都在“地平线”上，而且与太阳的角距离太小，总是掩没在太阳光中。

不过我们不要忘记，天王星离太阳比我们远18倍，所以那儿见到的太阳已小得可怜，只相当于40米外的一枚5角硬币。它的光芒也不会叫你睁不开眼睛，因为它只相当大约60厘米外一盏百瓦电灯。

最遥远的行星是冥王星吗

冥王星差不多已到了太阳系的“边缘”，因为在它以外的地区，物质已极稀少了。平均说来，冥王星离地球有59亿千米之遥。为了帮助我们想象它有多远，不妨举个例子：即使我们乘坐3分钟就能在北京、南京之间打个来回的宇宙飞船去冥王星旅行，那路上至少也得花20年。如果在冥王星上给地球挂个直通电话，最少也得过5个小时，我们才能听到电话铃响。这种“长途电话”，一整天也对讲不了几句话。

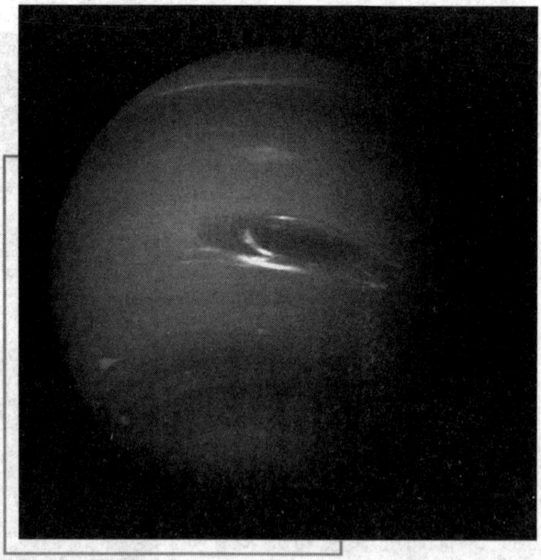

冥王星

巨大的距离也使太阳变了模样。在冥王星上已经看不到太阳的视圆面了，它成为天空中一颗比较特殊的恒星。说它“特殊”，是因为这个“光点”特别明亮，小小的一点比我们的中秋明月还亮200倍，相当于一支100瓦电灯挂在1.5米高处。当然，比之地球上炫目的阳光，那是差得太远了，但看书读报还是可以的——如果你不怕冻坏的话。

冥王星上最冷吗

在地球上最冷的南极洲，人们曾测到过－88℃的纪录，这已是地球上的“寒极”了。

然而，这在冥王星上算得了什么呢！根据科学家们测定，即使是在日光照射的那一面，它也只有－223℃，而在背阳面的夜晚，则还要低30多℃。

我们知道，在地球上，氧气在温度降到－183℃时就会变成液体，在－218℃时，则进一步会变成固体。而冥王星还比它冷得多。在这样低的温度下，不少物体的性质会发生奇妙的变化，如橡胶变得又松又脆，轻轻一碰就成为碎片；而鸡蛋在这时尽可去碰石头，因为它会像皮球那样蹦跳起来。

各个行星有多大

水星的直径约有4880千米，相当于大西洋的宽度，所以它的大小只是地球的几分之一。

金星大小与地球几乎相同，它的直径有12100千米，而地球的直径是12756千米。金星有一个奇特的现象，它是倒着转的，就是由东往西转。

火星在空中发出微红色的光，直径有6790千米，是地球直径的1/2强。火星比其他行星吸引了更多的科学家，因为火星上的黑点看起来像是沟渠或运河。除了地球以外，火星似乎比其他星球更有可能让生物，或许是某种植物生存。

木星离太阳远了一些，绕行轨道一周需要8.5年。木星是所有行星中最大的一颗。它的直径有142800千米，几乎是地球直径的11倍。

土星也是一颗大星，直径有119300千米，是地球直径的9倍。土星有一种特殊的现象，就是有一层扁平的圆圈围绕着，这些圆圈是由数十亿个细微颗粒组成的。

天王星比地球大得多，直径有51800千米。天王星倾斜着，它的轴心呈98°斜角（地球倾斜只有23.5°）。

海王星直径约为49500千米。最后，我们所知道的最远的行星是冥王星，认为它的直径大约有11400千米。

冥王星距太阳好远好远，以至于太阳对它来说，犹如天空中的一颗闪亮的星星。

为什么所有的行星看起来都不一样

每一个行星看起来都不一样，这是因为每一个行星虽然都是围绕太阳旋转，而且是太阳系的一部分，可是它们的物质组成却不尽相同。

我们简单地看一看地球以外行星的组成。就目前所知，水星是一颗多岩石的小星球，它的表面有黑暗的地区，有一层很稀薄的二氧化碳气层。金星呈白色，有模糊的斑点，整个覆盖在云状的气层里，这些白云含有二氧化碳气体，或许也有氮气和氧气。我们还无法确定金星的表面会不会很热。如果不热，或许会有海洋，如果很热，很可能会有一片广大无生物的沙漠。火星是一颗多岩石的小星球，有一部分表面很黑暗，这些黑点是不是沟渠，我们还不知道。火星若有氧气，也少得可怜，因此火星上有没有生物，仍是一个谜。木星是一颗微黄色的星球，横亘着一些深色的彩带。覆盖着木星的云层，厚度或许有几千千米。木星的中心是否由岩石构成，它的主体是否由纯氢氧所组成，我们还不知道。土星覆盖着云层，也有彩带一赤道处呈微黄色，两极处呈浅绿色。它的中心或许是一个小小岩石区。天王星看起来有些呈绿色，有一条银色的带环绕着。海王星是一个暗绿色的球体，也环绕着几条彩带。至于冥王星，我们也知道得很少，或许是一颗像地球的多岩石小行星。

行星是怎样绕太阳转的

行星绕太阳的公转轨道都呈椭圆形，椭圆的偏心率则有所不同，太阳处在椭圆两个焦点中的一个上面。这就是开普勒定律中的第一定律，即轨道定律。

开普勒定律的第二定律是这么说的：在相等的时间内，行星中心与太阳中心的连线所扫过的面积相等。这又称为面积定律。据此，行星在轨道近日点附近比在远日点附近运动得更快些。

第三定律又称为调和定律。如果用 T_1 和 T_2 分别表示两颗行星的公转周期，R_1 和 R_2 分别表示它们与太阳的平均距离，则用数学方式可以表达为：

$$\frac{{T_1}^2}{{T_2}^2}=\frac{{R_1}^3}{{R_2}^3}$$

这就是行星运动三定律，行星运动三定律有着很重要的意义，不仅是行星都遵守着规则，行星的卫星也不例外。第三定律更是庄严地宣告：太阳系天体的公转周期和到太阳的距离，并非随意的，也不是偶然的，而是有着严密秩序的一个整体。

行星是否会撞在一起

当我们仰望夜空看到满天星斗时，可能会想到一个问题：天上的行星会不会发生碰撞？幸好这个问题的答案是否定的。

我们仰望群星的时候，并不知道两个行星间的距离有多远。为了了解实际情况，下面就以太阳系为例说明。

我们假设自己的头是太阳，它的大小和位置都与太阳系中的太阳一样。你的头位于许多大小不同的圈子的中央，这些圈子就是行星绕太阳的轨道。

以头为中心，水星在最内圈的轨道运行，距离6米，大小约为1个标点符号中的句点（别忘了，你的头就相当于太阳的大小）。金星在12米的轨道运行，大约和阿拉伯数字的0一样大。占据着第三圈轨道的就是地球，略比金星大一些，在距离16.5米远的地方运行（实际上地球距离太阳有149664900千米远）。

在第四圈的是火星，体积比地球小，距离25米。接下来的是木星，是所有行星中体积最大的一个，按照比例它的大小相当于一颗弹珠，和头的距离相当于一个足球场的长度。在第六圈的是土星，直径1.3厘米，差不多有一条街那么远。

天王星的直径是0.5厘米，距离约为两条街那么远。海王星比天王星稍小，在三条街距离的地方。冥王星约有地球的1/2大，在四条街距离的地方。因为每个行星各自依照自己的轨道绕太阳运行，所以不可能发生碰撞。

人类最早发现的小行星是谷神星吗

1766年，德国一个中学教师提丢斯发现，行星离太阳的距离似乎有某种规律可寻。他研究并提出了自己的见解。柏林天文台台长波得很赞成提丢斯的见解，并为之热心宣扬。所以后来人们把它称为提丢斯—波得定则。根据这个规则，在火星与木星间似乎应该还有一颗行星。1781年，威廉·赫歇尔发现的天王星也正好与这个定则规定的某个位置不谋

谷神星近影

而合。这样人们更相信，应当努力去搜索这个尚未露面的行星。终于，在人类进入19世纪的第一个晚上（1801年1月1日），从意大利传出了喜讯：西西里天文台台长皮亚齐在金牛座内发现了一个陌生的天体。开始他以为这个天体可能是彗星，但后来从轨道计算中，马上肯定是人们期望中的行星。这是人类所知道的第一个小行星——谷神星（神话中西西里岛的农业保护神）。

灶神星是最亮的小行星吗

小行星平时肉眼都无法看见，这是因为它们离太阳和地球都较远，接受到的阳光较少；更因为它们都十分小，直径只有数十千米。这样，反射到地球上的光便十分暗淡，只有在它们“冲日”时，才会显得比较明亮。

最亮的小行星是1807年发现的灶神星（4号）。在冲日时，它相当于一个6等星，正好为人的肉眼所见的极限。亮于7等的小行星有5个，都发现于二小行星冲日时离地球最近10世纪以前。

为什么说谷神星是小行星中的“老大”

谷神星的直径只有月球的1/5，质量不到地球的1/5000。尽管它是这么小，却是小行星世界中的“老大”。在现在已知的3000多颗小行星中，直径超过100千米的仅有30多颗。所以，直径760千米的谷神星实在已很了不起了，它的质量相当于所有其他小行星质量的总和。

小行星中最大的几颗就是早期发现的几颗。

小行星的名字是五花八门的：开始是沿用行星命名的习惯，冠以希腊或罗马神话中神灵的美名。但后来发现的小行星越来越多，便又有以国家、城市来命名的，如比利时、西班牙、纽约、北京等等。接着又用天文学家或科学家的名字来称谓。还有用诸如“道德”、“真理”之类的哲学名词来命名的。但即令如此，还是有许多小行星仍没有雅号，仅有一个索然无味的数字号码。

最小的小行星是阿多尼斯吗

绝大多数小行星可能是一些小石块、小铁片，因离我们有亿万千米，所以无从察觉。在我们已知的3000多小行星中，最小的是1936年发现的2101号阿多尼斯。根据测定，它的质量约5000万吨，只有最大的谷神星的1/200亿。它的直径仅只300米左右，只相当于一艘巨型航空母舰的长度。倘若它的形状是球形，则在它上面绕一圈也不满1千米。它的表面引力很小，一个体重50千克的人到它那儿只有0.75克，相当于地球上300粒大米的重量。在这样的小行星上可得十分小心，因为它的逃逸速度只有21厘米/秒，仅比蚂蚁爬行快6倍。所以，即使散步的速度也能使你飞到空中，而且永远不会落下来了。

织女星旁有行星系统吗

太阳系之外还有没有别的行星（地外行星）或行星系？这是一个很易令人激动、极其有趣的敏感问题，因为它也是地外文明、宇宙人存在的前提。从科学角度而言，答案是肯定的。茫茫宇宙中应当存在着众多的地外行星，发现它只是时间迟早的问题。然而，所有恒星都极其遥远，绕恒星运转的行星本身又不发光，所以即使巨型望远镜也很难发现。

但科学家们并不停止他们的探索，光学方法不行就改用“红外”测量，因为只要不处于绝对零度（-273.16℃），任何物体都会发出红外辐射。果然，一颗美—荷—英的红外天文卫星在1983年发现；织女星旁有一个较大的行星系统，至少也有一条小行星带。它的总质量可能与我们八大行星差不多，范围则是80天文单位。

我们知道织女星的光比太阳差不多强 60 倍。因此，如果要获得像地球那样的条件，则行星要离织女星 7.7 天文单位（11 亿千米多）处才比较合适。

离地球最近的小行星是赖·夏洛姆星吗

绝大多数小行星在火星和木星的轨道之间运行，平均离太阳 4.1 亿千米左右。但也有一批小行星却爱与地球做紧邻，它们与太阳的平均距离和地球差不多，现在已知这种小行星共 26 颗，它们组成了一个“阿波罗群”(阿波罗是西方神话中的太阳神)

从平均距离来说，离太阳最近的是 1978 年发现的 2100 号赖·夏洛姆。它与太阳的平均距离为 1.2 亿千米，比我们近 3000 万千米。而走到与太阳最近处的小行星却是 1566 号伊卡鲁斯。这颗于 1949 年发现的小天体虽然与太阳的平均距离为 1.5 亿千米左右，但因为轨道偏心率很大，所以它最近太阳时的距离只有 2700 万千米，比水星还近 1 倍！

就我们地球而言，小行星最近的距离是 1937 年 10 月 30 日的赫米斯。那时，它离地球仅仅只 70 万千米，还不到月球距离的 2 倍，就好像到了我们“家门口”。根据天文学家的计算，这颗半径只有 300 米的小行星，将来还会走到更近的地方，那时距离我们可能只有 60 万千米。

最远的小行星是“柯瓦尔”天体吗

过去一直认为，最远的小行星是 944 号希达尔各。这颗直径 20 千米的小行星，平均离太阳 8.7 亿千米，比木星还远。最远的时候可越过土星，有 14.5 亿千米之遥。

1977 年，人们发现的“柯瓦尔”天体，却远远打破了这个纪录。它的轨道半长径是日地距离的 13.7 倍，合 22 亿千米，已大大超过希达尔各的远日点了。它离太阳最远的时候，已快到天王星的“家门口”，离太阳 28.4 亿千米，最近的时候也还有 12.7 亿千米，比一般小行星尚远 2 倍多。

当天文学家在 1977 年 11 月 1 日刚发现它时，有些人认为这是太阳系中争论已久的第十颗大行星。但是后来测得它的直径只有几百千米，根本无法与大行星“平起平坐”。人们给它的正式编号是 2060 号。

跑到主环外的小行星有哪些

大多数小行星分布在火星和木星轨道之间、距离太阳 2.1 ~ 3.3 天文单位的小行星带内，但小行星中也有一些“调皮鬼”，它们不安分守己，跑到主环带以外游来逛去。这样的小行星被分为几类：脱罗央群小行星、阿莫尔型小行星、阿波罗型小行星、阿登型小行星，等等。

脱罗央小行星群

著名的脱罗央小行星群，与太阳的平均距离以及围绕太阳公转的周期都与木星很相近，它们分为 2 组，各在木星前后 60°的地方，与太阳和木星形成了两个几乎是等边的三角形。早在脱罗央群小行星发现之前，1772 年法国数学家、力学家拉格朗日（1736 ~ 1813）就从理论上讨论了三体运动的规律。他证明，如果三个天体恰好位于等边三角形的三个顶角上，其中的一个质量相比起来很小，那么这三个天体就会保持相对稳定的位置。后来，脱罗央群小行星的发现，证实了拉格朗日的理论。

1949 年 6 月，由美国帕洛马山天文台发现的“依卡鲁斯”小行星，是一颗轨道极为特殊的小行星。它的轨道半径与地球轨道相当，而轨道偏心率极大，致使近日点竟然深深进入水星轨道以内，距太阳仅仅只有 0.18 个天文单位。人们认为，当它接近太阳的时候，它的温度可能会达到 500℃。

阿莫尔型小行星

阿莫尔型小行星的转道在火星轨道之内，但比地球的大，它们有时能进入地球轨道外侧的近旁，很少进入地球轨道之内。据估计，太阳系内的阿莫尔型小行星共有上千颗，现已发现了 90 多颗。

阿波罗型小行星

阿波罗型小行星的轨道也比地球的大，但它们有时能深入到地球轨道之内甚至深入到水星轨道之内，原因是它们的椭圆形轨道很扁，即轨道偏心率很高。天文学家估计太阳系内的阿波罗型小行星的总数也有 1000 多颗，可能比阿莫尔型小行星的数目还要多。目前已发现近 100 颗。由于阿波罗型小行星的轨道面与地球轨道面相交，所以也称它们为掠地小行星。

阿登型小行星

阿登型小行星的轨道与地球轨道非常相似，它们的公转周期与地球的一年很相近。估计这类小行星比阿莫尔型和阿波罗型小行星都少得多，总数也就 100 多颗，现已发现 10 多颗。

阿莫尔型、阿波罗型和阿登型三类小行星的轨道都与地球轨道接近，它们都有和地球近距相遇的机会，因此它们又都被称做近地小行星。近地小行星会不会撞击地球呢？19 世纪内已有许多次近地小行星与地球近距离相遇的记载，距离最近的一次是 1991BA 小行星从地球近旁飞驰而过的时候，距离地球只有 17 万千米，还不到月地距离的 1/2。

“陨冰”是怎么回事

除了少见的玻璃陨石外，世界上还有一种极其稀罕而奇异的“陨冰”。以前所确证的记录仅有 2 次。一次发生在美国威斯康辛州的卡什顿城附近，时间是 1955 年 8 月 30 日，那天有一块重达 3 千克的大冰块落在一个男孩附近，摔成两块。经过加利福尼亚州科学家们的化验鉴定，可以肯定是地球的“外宾”。

1963 年 8 月 27 日，一块 5 千克的大冰块又从天而降，在莫斯科附近集体农庄的一个果园中摔得粉碎，把一个妇女吓得愣了半天，以至化了一大堆水才去报告。

两次都发生在盛夏季节，当时天空中既无一丝云彩，又无任何飞机之类飞行器经过，可以肯定不是人类的遗弃物。从科学家们所作的化验中也可以断定，它们原是运动在宇宙空间的一些巨大的冰块。

第一块陨石来自月球吗

陨石的确切来源至今还是一个令人激动的谜。

1983 年，美国科学家在南极考察时发现了大批陨石，其中有一块浅蓝与咖啡色相间的小陨石颇为别致，他们将其编号为 α81005。这颗陨石大小仅像高尔夫球（约 3 厘米），重不过 31 克，但它却引起了科学家们的浓厚兴趣，因为它的成分与众不同，主要是由一种包含于棕色玻璃状基体的斜长面组成的砾岩，与“阿波罗 16 号”宇航员从月球高原上带回的月岩极其相似。经过几个月的精心分析研究，α81005 确实是大约在 10 万年前月球与小行星碰撞时，从月亮上危海地区的一个环形山掉到地球上来的珍品。

这个结论的重要性在于为陨石的来源指明了方向。此后，人们又陆续发现了来自火星的陨石、来自某些小行星表面上的陨石……使陨石的起源和演化问题有了新的突破。

公转最快和最慢的卫星各是什么星

卫星绕行星的转动与行星绕太阳旋转一样，遵循开普勒定律。卫星离行星越近，转得越快，周期越短（周期的平方与平均距离的立方成正比）。火卫 1 离火星中心只有 9400 千米，因此它绕火星转一圈的时间最短，只有 7 小时 43 分。它比火星的自转周期（24 小时 37 分）快了 2 倍多，因此尽管它们转动的方向是相同的，都是自西向东，但在火星表面上看来，这个

"小月亮"是西升东落的，而且一天之间要升起2次，这可算是太阳系内的又一奇迹。

公转最慢的是木星最外面的一颗卫星木卫9，它离木星2370万千米，绕木星一圈需要758天，比我们2年的时间还长。

发现小行星最多的人是谁

奥地利天文学家帕里沙从他26岁发现136号奥地利开始，8年内发现了28颗小行星。在此后40年中，他利用口径68厘米的望远镜又发现了101颗，因此他创造了目视方法找小行星的最高纪录。

目视法寻找小行星犹如大海捞针，并非易事，所以帕里沙的成绩是很了不起的。但自从运用了照相术后，局面有了飞速的变化。德国海德堡天文台65岁的沃耳夫，在1881年成功地用照相法发现T323号小行星布鲁西亚。在此后的七八年间，他一人又发现T230颗，比帕里沙50年的心血将近多了1倍。

天文台采用沃耳夫的新方法后，使得小行星队伍很快地壮大起来：1801~1881年的80年间，人们仅知有322颗；而到1953年11月20日，仅只72年时间，发现的小行星却已突破了1000大关！至今已有了3000多颗了。

小行星也有卫星吗

1978年，在发现冥王星卫星后不久，天文学家们又利用532号小行星赫克列娜掩星的机会，对它进行了细致的观测，结果惊奇地发现，这颗直径243千米的小行星，居然也有一颗小天体在绕它旋转。据分析，这颗卫星的直径约46千米。如果平均密度相仿，则其质量比为147:1，两者的中心距离是977千米，也只是赫克列娜直径的4倍。半年后，用同样的方法，又发现了1852年发现的18号小行星梅菠曼（直径135千米），也有一个直径

37千米的卫星。

小行星是怎样命名的

由于我们的肉眼看不到小行星，所有的小行星都是在有了望远镜以后才发现的。第一颗小行星是在1801年由意大利天文学家皮亚奇发现的。他为了取悦于国王，提出把这颗小行星命名为弗迪南三世，但是遭到了其他天文学家一致的反对。经过一番争论，大家都同意遵照给大行星命名的惯例，仍用希腊、罗马神话中神的名字给小行星命名。这颗小行星叫做赛丽斯，中文译为谷神星。赛丽斯既是罗马神话中的收获女神，又是西西里岛的农业保护神。这就开创了用神的名字命名小行星的先例。

随着观测手段的不断提高，天文学家发现的小行星越来越多，神的名字已“供不应求”，因此天文学家除了用神的名字外，也用国家与城市的名字来为小行星命名，如中华、奥地利、俄罗斯、美利坚、日本、意大利等等，以及北京、南京、上海、巴黎、罗马、东京、莫斯科、芝加哥等等都成为小行星的名称。为了纪念和表彰那些为人类科学事业做出贡献的科学家，也用科学家的名字命名小行星，像牛顿、爱因斯坦、伽利略、开普勒等著名的科学家的名字都可在小行星的花名册上找到。这当中，有中国古代的5位科学家：张衡、祖冲之、一行、郭守敬和沈括；还有中国现代的4位天文学家：张钰哲、蔡章献、王绶琯、叶叔华。张钰哲小行星的编号是2051，是由美国哈佛天文台于1976年10月23日发现的。张钰哲是我国小行星研究的开创者，他于1928年在美国发现1125号小行星，并用“中华”这个名字命名。国际小行星组织为表彰张钰哲的贡献，将2051号小行星命名为张钰哲星。蔡章献小行星的编号是2240，他曾任台北天文台台长，在行星和变星方面有突出成就。王绶琯小行星和叶叔华小行星都是我国紫金山天文台发现的，编号分别是3171和3241。

我国天文学家所发现的小行星已经很多，超过了300颗，其中的一些小行星相继采用中国的地名、人名来命名。

什么是彗星

仰望晴朗的夜空，星星都是些亮晶晶的光点。可是有时候（这当然是十分难得的）夜空里突然闯来一位形状奇异的生客：明亮而有点毛松松的头，长长而略有点散开的尾部，像一把扫帚。这就是彗星，通常被称作“扫帚星”。

彗星只是一大团冰冻的气体夹杂着冰粒和尘埃物质。典型的彗星分为彗核、彗发和彗尾三个部分。彗核主要由比较密集的固态物质组成，直径一般在 10 千米上下。彗核周围云雾状的就是彗发。彗核和彗发合称为彗头，后面长长的尾巴叫彗尾。

彗头的直径一般在 5 万～25 万千米。据记载，彗头“冠军”可能要算是 1811 年出现的一颗大彗星，其彗头直径超过 180 万千米，比太阳直径（140 万千米）还要大。天文学家通过地球大气外的观测发现，某些彗星的彗头最外层还有一层更大的包层——氢云，有的直径达 1000 万千米！

彗尾的长度一般都为数百万到上千万千米。刚才提到的那颗彗头“冠军”，它的彗尾长 1.6 亿千米以上，彗尾的宽度达 2000 多万千米。

哈雷彗星是怎样发现的

1682 年，夜空中出现了一颗特别大的彗星，样子十分奇特，光亮异常。与牛顿同时代的英国天文学家哈雷对这颗彗星进行了大量的观测。经过潜心研究，他利用开普勒定律和牛顿万有引力定律，对这颗彗星的运行轨道作了计算，计算结果表明：这颗彗星是围绕太阳运行的一个天体，它的轨道也是椭圆形的，只不过是一个十分扁长的椭圆。使哈雷倍感兴奋的是，他发现这颗彗星的周期是 76 年，也就是说，每隔 76 年它就要光临太阳一次。而他从历史资料中知道，76 年前左右，也就是 1607 年，正好出现过一颗大彗星；再往前推 76 年，即 1531 年，天空中也出现过一颗大彗星。于是他大胆地推想：1682 年的大彗星就是 1531 年和 1607 年出现过的大彗星，并且进一步作出了科学的预言：“1682 年曾引起人们莫大恐慌的大彗星，将于 76 年之后，即 1758 年再次出现于天空。”

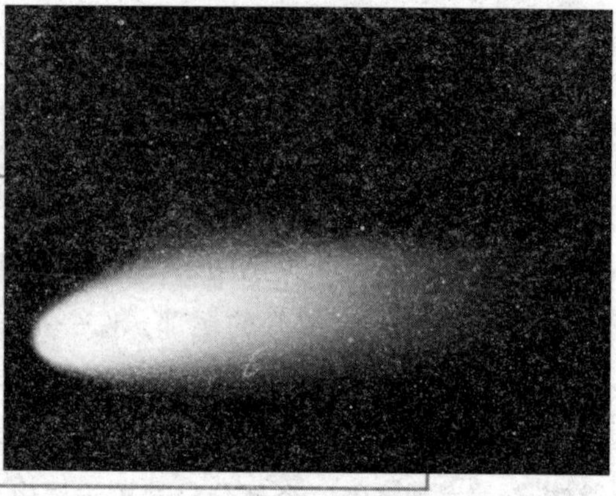

哈雷彗星

哈雷的预言得到了证实，彗星的神秘面纱也被揭开了。人们从此认识到彗星的行踪虽然十分复杂，但却可以根据科学定律推算出来。哈雷的工作为人类认识彗星开辟了道路。为了纪念他的重大贡献，人们便把这颗彗星命名为哈雷彗星。

密度最小的“星”是彗星吗

海尔—波普彗星

彗星虽然硕大无比，可是腹中空空，密度非常小。它的质量甚至还不及一颗不大的小行星。大彗星也只不过几千亿到几十亿亿吨，至多只及地球的几十万分之一，而小彗星的质量甚至只有几十亿吨。如果我们把地球比作 5 吨重的大象，则最大的彗星也只有一只小橘子（50 克）那么重，多数彗星则比一粒芝麻还轻。即使是最密的彗核，密度也常比水小得多。在彗头部分，星光也可以自由地穿过，丝毫不受影响。彗星的平均密度约 0.00000000001 克/厘米^3，只有我们周围大气的一亿分之一。在它更稀薄的彗尾中，密度便更小了，可说是“看得见的虚空”。如果把彗尾物质“切”成截面积为 1 平方米的长条，即使它长到可以联结地球和太阳（1.5 亿千米），总共也只有 1.5 克重。

彗星是遵循什么样的轨道运行的

彗星的外貌特殊，它们绕太阳运动的轨道也很特殊。八大行星围绕太阳运动的轨道偏心率都很小，它们的轨道都是一些近似于圆形的椭圆。而彗星的轨道就比较复杂了。众多彗星的轨道各不相同，轨道的形状有椭圆、抛物线和双曲线，而且即使是椭圆也都是一些偏心率很大，被拉得又扁又长的椭圆。太阳则位于这些圆锥曲线的一个焦点上。大多数彗星的远日点都在八大行星轨道范围之外，甚至到了星际空间。

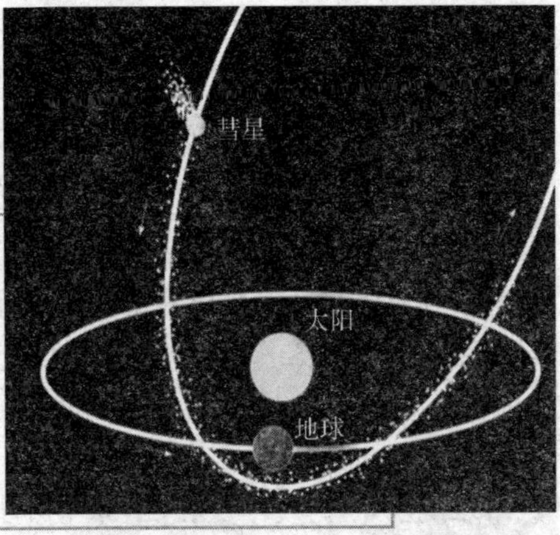

彗星的运行轨道

彗星绕太阳运动的轨道各不相同，它们绕太阳运动一周的时间也不相同。短者只要几年，长者竟达几万年。由于大多数彗星只有当它们运动到近日点附近时才能被观测到，所以确定彗星的轨道是比较困难的事情。根据彗星的轨道特性，可把它们分为短周期彗星和长周期彗星两类，此外还有一些一去不复返的彗星。周期不到 200 年的彗星叫短周期彗星，周期长于 200 年的彗星叫长周期彗星。最著名的哈雷彗星的周期是 76 年，周期最短的恩克彗星的周期只有 3 年 106 天。

彗星寿命有多长

彗星的现象比较复杂。彗星是由什么物质组成的呢？目前的观测还不能够完全弄清楚。从彗星的光谱分析知道，彗星主要由水、氨、甲烷、氰、氮、二氧化碳等组成。射电观测告诉我们，彗星中还有甲基氨的分子，这是太阳系早期的遗留物。

彗星的寿命有长有短，平均只有几千个自转周期。彗星每次经过太阳附近时，都被太阳辐射蒸发出一些物质形成彗尾。当彗星远离太阳时，彗尾就逐渐消失了，但其中的尘埃物质并没有缩回彗核，而是遗留在彗星的轨道上成为流星群。当地球穿过彗星轨道面时，这些由碎块和尘埃组成的流星群被地球的引力所吸引而穿越地球大气，就会形成流星雨现象。比如，在著名的哈雷彗星和恩克彗星的轨道上都有与它们有关的流星群。彗星回归次数越多，在轨道上遗留的物质也越多。这样一来，彗星的质量越来越少，到最后物质蒸发完了，彗星也就毁灭了。也有些彗星受太阳的起潮力（引力）的作用，分裂瓦解，其碎块散布在运行的轨道上。这样，我们再看到与它相关的流星雨现象时，就将是十分壮观的了。仙女座流星雨就是这种情况。仙女座流星群位于比拉彗星的轨道上，历史上早就有过多次对仙女座流星雨的记载。比拉彗星于1852年最后一次出现之后就失踪了，而此后仙女座流星雨就变得极为壮观。比拉彗星已经粉身碎骨，化为仙女座流星群。当然，也并不是所有的流星群都与彗星有关。太阳系空间中还存在一些单个的流星体，当它们闯入地球大气层后，同样也会发生流星现象。

彗星是一个“脏雪球”吗

彗星是夜空中能看到的最美丽动人的天体之一。1950年美国天文学家惠普耳提出一种看法，彗核是由尘埃和冰组成的，他把彗核比作是一座“不干净的冰山”。后来就把这一理论叫作“脏雪球模型”。当彗星飞近太阳时，含尘的冰雪球蒸发成气体和尘埃，在太阳光的照射下，气体受激发发出荧光，尘埃则反射太阳光。它们在太阳风和太阳光压的作用下，气体被甩向后方，开成长长的彗尾。惠普耳的理论是否正确呢？1986 年著名的哈雷彗星又一次飞近太阳系，给验证惠普耳脏雪球模型提供了一个极好时机。苏、美、欧洲共同体、日本等先后发射了多艘宇宙飞船飞近彗星去探测它的秘密。其中欧洲空间局发射的“乔托号”宇宙飞船甚至飞到彗星气体里，到彗核附近去进行拍照和测量。结果发现哈雷彗星的彗核，的确不是一团散沙，而是一座含有尘埃的冰山。它的外形不是球，而是像一个长条形的马铃薯。还发现彗核外面有一个表面粗糙、颜色很黑的多孔表面层，太阳热量透过表面层传到彗核内部使冰蒸发，然后以喷流的形式从表面层逸出。惠普耳提出的彗核是个“不干净的冰山”或者说是个“脏雪球”的理论，终于得到了直接观测证据，为大多数天文学家所承认。

天空中历时最长的彗星发生在哪一年

彗星常常突如其来出现在天穹，我们肉眼能见的时间一般约两三个月。但 1811 年出现的那颗大彗星，却从 8 月 26 日炯炯放光，一直到第二年 8 月 17 日才悄悄隐去，在人们眼前逛荡了 491 天。据说，当年拿破仑在侵略俄国的道路上，见到了这颗彗尾长达 1.6 亿千米的大彗星后，曾经兴奋一时，以为这是俄国沦亡的征兆……当然，结果总是与侵略者的愿望相反，彗星并不能为他赢得侵略战争的胜利。

肉眼可见的彗星并不多，但用望远镜观测，每年平均总可找到六七个。1970 年，人们一共记下了 29 个彗星，成为发现彗星最多的一年。

与此相反，1948 年却是无彗年，整整一年天空中找不到彗星的踪迹。

人类最早预言的周期彗星是哈雷彗星吗

以英国天文学家哈雷命名的大彗星是一颗历史资料最丰富、最享盛名的短周期大彗星，这也是人类最早算出了轨道，并准确了解周期、预言按时回来的彗星。

1705 年，49 岁的哈雷在计算 1682 年出现的大彗星轨道时，惊奇地发现，这与 1531、1607 年出现的两颗大彗星路径很为相近。他便意识到，这三颗大彗星实际上是同一颗彗星的三次出现。因而他大胆预言，这颗大彗星将于 1758 年再度回来。哈雷的预言在当时引起了轰动。后来，几个支持他的数学家考虑到大行星（主要是木星和土星）对这颗彗星的运动会有影响，又进一步作了精确的计算，把哈雷预言的时间挪后了几个月，即变为 1759 年 3 月至 5 月。

到了 1759 年春，人们无不怀着好奇的心情，一次又一次地仰望天空。果然，这颗大彗星如期地出现在人们的眼前，并在 3 月 12 日经过了近日点。哈雷的预言证实了。

彗星的“故乡”在哪里

关于彗星起源的问题，可以说是众说纷纭，到现在还没有一个比较一致的意见。

有一种意见认为，太阳系天体上的火山爆发把大量物质抛向空间，彗星就是由这些物质形成的。这类观点可以叫做“喷发说”。而另一种称为“碰撞说”的观点则认为，在很遥远的年代，太阳系里的某两个天体互相碰撞，由此产生的大量碎块物质，形成了现在太阳系中的彗星。这些假说都存在着一些难以解释的问题，很难得到大多数天文学家的承认。

关于彗星起源的假说当中，被介绍得比较多而且得到相当一部分科学家赞赏的，那就是所谓的“原云假说”。在对大量彗星轨道作统计研究的基础上，原云假说认为：长周期彗星椭圆轨道的远日点很多都是在 3 万 ~ 10 万天文单位之间，由此得出结论，在离太阳约 15 万天文单位的太阳系边缘地区，存在着一个被称为“原云”的物质集团，它像一个巨大的包层那样，彗星就是由其中的物质形成的。原云往往被称为“彗星云”，又因为这个假说最早是在 20 世纪 50 年代由荷兰天文学家奥尔特提出来的，又被称为“奥尔特云”。奥尔特云就像是彗星的主要“故乡”。

人类观测到的彗星尾巴最多有几条

彗星的最大特征便是它有大小不一、形状各别的尾巴——彗尾。有的几乎是笔直的一条直线，有的宛如弯弓，有的酷似一把打开的折扇……每颗彗星彗尾的数目也各不相同：少数彗星始终没有尾巴，大多数是一彗一尾，但同时有 2 条彗尾的也有不少，如 1941V 德拉旺彗星、1957d 莫尔科斯彗星等。我国史书上曾记载过，开成二年二月丙午（公元 837 年 3 月 22 日），天上出现了彗星，19 天后，彗星的尾巴变成了 2 条。据考证，这个彗星就是著名的哈雷彗星。另外从长沙马王堆汉墓中出土的一张彗星图中，也可看出我国古代人民早已记下了不少 2 尾、3 尾、4 尾的彗星了。

然而，最令人惊叹不已的却是出现在 200 多年前的歇索彗星。1744 年 3 月 8 日和 9 日两天的凌晨，不少人看到有 6 条明亮的彗尾从东方的地平线底下升向天穹，占据的空间宽到 44°之多。天际一圈才不过 360°，所以它差不多占了 1/8。遗憾的是，歇索彗星的头部却始终在地平之下，不肯露面。

最亮的彗星是什么时候出现的

我们知道，彗星只有回到近日点附近时，才有可能被人类用肉眼看见。有些彗星甚至在最近时也非得用望远镜不可。据统计，从 19 世纪到现在，引人瞩目的大彗星不过 20 多个，即平均八九年才有一颗肉眼可见的彗星。

“1861 Ⅱ”是 1861 年 6 月出现的一颗大彗星，到 6 月 30 日晚间，其亮度足以与明灿灿的金星比高低。几天之后，它的扇形尾竟长达 118°之多。它那云状的核在望远镜内清晰可见。

但如果与 1680 年的大彗星相比，它就相形见绌了。据记载，1680 年的那颗彗星，最亮时的光度竟达到 -18 等。我们知道，中秋的皓月，也只不过相当于 -12.6 等，这颗彗星比 100 多个满月的月光还明亮！它的出现，使当时的许多人惴惴不安。

比拉彗星最后瓦解为流星雨了吗

比拉彗星是一个奥地利军官在1826年2月27日发现的彗星。

1846年，比拉彗星出现了奇迹：1月13日，就在众目睽睽之下，它却像医生显微镜下的细菌那样分裂了。开始的分裂物又暗又小，但却不断地长大，不久它们俨然成了一对“双胞胎”。1星期后，这两颗都有自己彗核、彗尾的姐妹彗星之间已经相距24万千米。及至1852年它们双双比翼回来时，两者的距离又大了10倍多。1859年归来的时候，因为它们与太阳的角距太小而无法观测，可是谁知它们竟从此在天空中神秘地消失了！

1819年及1885年11月27日，人们仍然看到了壮观的流星雨，只是规模小了些。由此天文学家们一致认为，这几次出现的流星雨，正是那颗分裂了的比拉彗星的“遗体”，它们已全部瓦解为细微的千千万万颗“流星体”了。

卫星最多的行星是木星还是土星

在太阳系的八大行星中，只有2个内行星——水星和金星没有卫星，地球有一个卫星，其他行星的卫星都有2个以上。卫星最多的是2颗最大的行星即木星和土星。土卫的数目已发现22个，木卫则达到了18个。

土星的许多新卫星都在其光环中。而现在知道，土星的光环数有成千上万，望去就像一张巨大的密纹唱片。

土卫系统更加复杂有趣，有几颗卫星占着同一轨道，有的组成像特洛伊群小行星那样的正三角形，有二颗卫星时常你追我赶，擦肩而过。这些现象给天文学家出了许多难解的课题，要科学地解释它们可不是件容易的事情。

探天仪器及探天活动

天文台的观测室为什么要建造成圆顶结构

一般房屋的屋顶，不是平的就是斜坡形的，唯独天文台的屋顶与众不同，远远看去，银白色的圆形屋顶好像一个大馒头，在阳光照耀之下闪闪发光。

为什么天文台要造成圆顶结构呢？难道是为了好看吗？不，天文台的圆顶完全不是为了好看，而是有它特殊的用途。

将天文台观测室设计成半圆球形，是为了便于观测。在大文台里，人们是通过天文望远镜来观测太空，天文望远镜往往做得非常庞大，不能随便移动。而天文望远镜观测的目标，又分布在天空的各个方向。如果采用普通的屋顶，就很难使望远镜随意指向任何方向上的目标。天文台的屋顶造成圆球形，并且在圆顶和墙壁的接合部装置了由计算机控制的机械旋转系统，使

天文台

观测研究十分方便。这样，用天文望远镜进行观测时，只要转动圆形屋顶，把天窗转到要观测的方向，望远镜也随之转到同一方向，再上下调整天文望远镜的镜头，就可以使望远镜指向天空中的任何目标了。

天文台为什么大多设在山上

天文台主要是进行天文观测和研究的机构，世界各国天文台大多设在山上。

天文台的主要工作是用天文望远镜观测星星。天文台设在山上，是因为山上离星星近一点吗？

不是的。

星星离开我们都非常遥远。一般恒星离我们都在几十万亿千米以外，离我们最近的天体——月亮，距离地球也有38万多千米。地球上的高山一般只有几千米高，缩短这么一小段距离，显然是微不足道的。

地球被一层大气包围着，星光要通过大气才能到达天文望远镜。大气中的烟雾、尘埃以及水蒸气的波动等，对天文观测都有影响。尤其在大城市附近，夜晚城市灯光照亮了空气中的这些微粒，使天空带有亮光，妨碍天文学家观测较暗的星星。在远离城市的地方，尘埃和烟雾较少，情况要好些，但是还不能避免这些影响。

越高的地方，空气越稀薄，烟雾、尘埃和水蒸气越少，影响就越小，所以天文台大多设在山上。

为什么在海底也能建造“天文台”

海底天文台的出现，为我们打开了探测宇宙的另一个窗口。

在宇宙空间，有一种奇特的基本粒子叫中微子。科学家从预言它的存在到真正捕获它，整整花了30年的时间。中微子是一种不带电的中性粒子，它的质量要比电子小得多，却具有极大的穿透力，可以穿透任何物质，甚至从地球的这一头穿到另一头。

天文学家非常看重这小小的中微子，那是因为它携带着来自宇宙天体的信息。可是，我们要在太空中或是地球表面的大气层中捕获它真是太难了。于是，科学家根据中微子的特点，将搜寻、观测中微子的装置移到了地底下和海底，利用地表的岩石和海水来阻隔来自宇宙的其他粒子，从而密切注视中微子，并设法捕获它。

最早的星表和星图出自我国吗

把恒星在天上的方位和亮度记录下来，这就成为星表。若将它们的位置标在图上，便成为星图。正如旅行家离不开地图一样，星图也是天文工作者的必备工具。

距今2300年左右的战国时期，楚国的甘德写了《星占》八卷，魏国的天文学家石申写了《天文》八卷，后来有人把这两部著作合起来称为《甘石星经》。这是我国最早的一部星表，也是世界上最早的星表。《甘石星经》里共记载了800颗恒星，其中标明位置的有120颗。

1800多年前东汉的天文学家张衡所绘的星图，在《唐书》里有记录，但可惜原图也没有被传下来。苏州现在保存着一块南宋（公元1247年）的石刻星图，这仍然是世界上最古的星图。这块石刻星图由上、下两部分组成。上半部为一圆形的全天星图，星图直径达91.5厘米。全图共刻有恒星1400多颗，并刻有银河带、天赤道、黄道等。下半部为文字说明，简略地刻着天文基础知识。这一珍贵资料，已被列为全国重点保护的文物之一。

为什么天文学家要用望远镜观测星空

我们经常用“繁星点点”、“数不胜数”来形容天空中星星数量的繁多。

其实，我们肉眼能够看见的星星并没有想象的那么多。天文学家已经详细计算过，全天空中，凭肉眼能看见的星星，总共只有6974颗。这只是宇宙中星星的极少极少的一小部分。还有许许多多遥远的天体，它们射到地球的光线很弱，用肉眼是看不见的。虽然我们平时认为眼睛很灵敏，并且对位置的判断也相当准确，但对天文学家来说是远远不够的，眼睛常常会被错视现象所“欺骗”。因此，天文学家在研究宇宙时，需要借助仪器来获得天体的精确数据。

17世纪初，光学天文望远镜的诞生，大大开阔了人们的眼界，为天文学带来了巨大的变革。由于人眼的瞳孔只有2~8毫米，而望远镜的口径比这大得多，因此，望远镜收集到的星光比人眼收集到的多得多。通过望远镜观测星空，遥远的天体变近了，变亮了。一台10米口径的光学望远镜，比我们肉眼接收到的星光要多上百万倍，由此可见望远镜的巨大威力。不仅如此，天文学家还在望远镜上连接了照相机、电子接收设备或光谱仪等，使得灵敏度有更大的提高，可以获得有关天体的更多的信息。

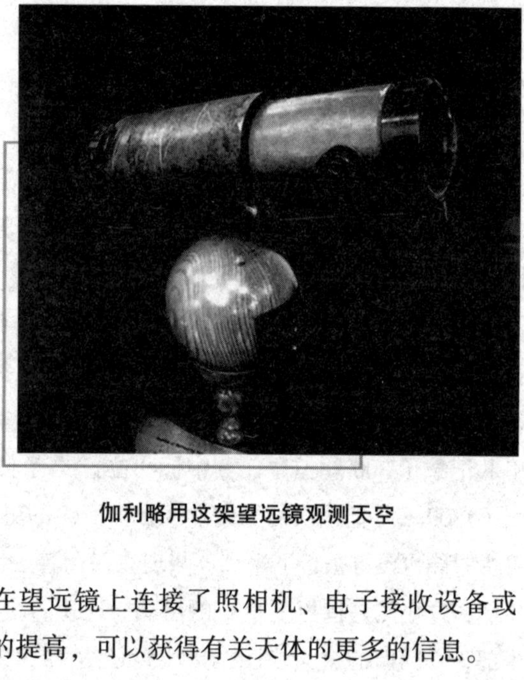
伽利略用这架望远镜观测天空

望远镜为什么越做越大

只要使用一台普通的天文望远镜观测浩瀚的星空，你就会发现，宇宙原来是那么色彩斑斓，充满着梦幻般的无穷变化。你不仅可以看到月球上的环形山，还可以看到土星亮丽的光环。如果使用更大的望远镜，你将会看到银河系内外遥远的多彩星云和星系。古人道："欲穷千里目，更上一层楼。"对天文学家来说，想要探索遥远的天体，使用尽可能大的天文望远镜是必不可少的。

望远镜的大小通常是指它的通光口径，也就是物镜的直径大小。口径越大，收集天体辐射就越多，聚光本领就越强。因此，口径大的望远镜能观测到更远、更暗的天体，它反映了望远镜观测天体的能力。另一方面，望远镜的分辨本领是由望远镜的角分辨的倒数来衡量的，角分辨是指望远镜刚刚能分开两个天体（或一个天体的两部分）像的张角。高分辨本领是望远镜最重要的性能指标之一。在良好的天文台址的条件下，口径越大，望远镜的分辨率越高，能观测到的天体就越多。这就是为什么天文学家要不遗余力地建造越来越大的望远镜。

第一架天文望远镜是什么样子

据说早在1300年，意大利就出现了凸透镜的远视眼镜，1450年又出现了凹透镜的近视眼镜。17世纪初，荷兰眼镜商里普希的一个学徒无意中发现，一组凹凸透镜可以使高高教堂上的风标变得近在眼前，于是这种"幻镜"立即成为贵族太太、小姐们手中的珍奇玩物。里普希很有远见，他造了一架望远镜献给政府。据说这些望远镜后来使得荷兰海军在抗击强大的西班牙舰队的苦战中反败为胜。

1609年5月，望远镜的消息传到了意大利，热心科学研究的伽利略马上想到把它用于科学探索。他在一天之内就制成了一架能放大3倍的土望远镜，但这只能观赏远景。伽利略并不气馁，几经努力，终于在年底前造出了一架口径为4.4厘米、长1.2米、能放大33倍的当时最好的天文望远镜。

当然，今天看来，这架望远镜简陋得简直可笑：它只是一个圆筒，前头放一片凸透镜，后面置上一块凹透镜，除了少不了的支架外，再也没有其他什么附属设备了。但当这第一架天文望远镜指向天空时，就为我们开创了天文学的新世纪，使人类在认识宇宙的征途上向前迈进了一大步。

最大的折射望远镜是哪国制造的

伽利略1609年制成的第一架天文望远镜，就是一架折射望远镜。前面用一块凸透镜作物镜，后面的目镜是一块凹透镜，这样观测到的像与实物一致，是正像。现在观剧用的望远镜就是这种伽利略望远镜。后来开普勒提出用凸透镜作目镜，这样有利提高放大倍数，但观测到的像与实物上下颠倒了，是倒像。好在对于天文观测来说，正像倒像都是无所谓的，所以从17世纪中叶以来，天文望远镜一般都采用这种开普勒式。

望远镜能看到的星有多少，主要看望远镜前面这块物镜的直径大小（称口径），因此随着科学技术不断发展，望远镜的口径越做越大。1888年，美国里克天文台装备了口径91厘米的折射望远镜；1897年，美国叶凯士天文台装备了造价349000美元、口径102厘米的折射望远镜，其镜筒长达18.6米；1900年，法国曾造出过一架长54米、口径为125厘米的折射镜，可惜它成像不佳，无法使用，故不久悄然隐退了。现在世界上最大的折射望远镜仍是里克和叶凯士的那两架。

第一架反射望远镜是谁制造的

牛顿制造的第一架反射望远镜

折射望远镜不仅镜筒很长，使用不便，制造巨大的光学玻璃也十分困难，口径很难进一步扩大。还有一个严重的缺点是它常有严重的色差现象，使得被放大的物体周围产生一圈彩虹似的“花边”，这样就得不到高质量的天体光谱。因此第一架天文望远镜问世不久，就有人开始了反射望远镜的研制工作。

第一架反射镜是英国著名科学家牛顿设计制造的，时间是1668年。顾名思义，反射镜是靠镜面反射光的，所以凹面的物镜放在望远镜的后面。牛顿建造的反射镜面是一块金属，面积很小，直径只有2.5厘米，全长15厘米，但却可放大40倍。

现代的大反射望远镜常常省去了镜筒部分，而且镜面也改用普通玻璃，再镀上一层铝膜制成的，这样可减轻望远镜的自重，把它做得更精致一些。

最大的反射望远镜是哪个国家的

随着天体物理研究的进展，反射镜也越做越大。18世纪赫歇尔的“巨炮”口径1.22米）是当时之冠。到1845年英国又造出了口径1.84米的更大的反射镜。这架望远镜全长达17米，仅这块反射镜玻璃便重3.0吨，真不愧是个庞然大物。

但人们并不满足，1917年美国已造出了口径100英寸（2.54米）的反射镜。1923年则开始筹建200英寸（直径5.08米）的反射镜。这个空前的巨型望远镜，一直到1948年6月3日才在美国帕洛玛山天文台举行落成典礼，并交付使用。

5米望远镜之大超过了人们的想象：玻璃坯浇制后花了10个月时间才冷却下来。为了磨成设计好的形状，仅研磨的磨料就用去31吨，而磨掉了5吨玻璃屑后还重14.5吨！整个望远镜的可动部分重量为530吨！

5米望远镜有着巨大的威力，它可以觉察到3万千米外的一支残烛。它交付使用后，有很多出色的新发现。

1976年，前苏联在高加索安装了总重946吨、口径为6米的反射镜。虽然这是现在的“世界之最”，但它的设计不太合理，后来又发生塌陷等严重问题，故在天文界几乎没有建树什么足以称道的业绩。

最大的太阳望远镜是美国制造的吗

为了详细地观察和研究太阳，要求望远镜呈现的太阳像又大又亮，即分辨的细节越小越好。而望远镜的分辨本领是与它的焦距成正比的，故要求把望远镜的焦距做得尽可能长，但是焦距太长使用很不方便。1904 年，美国的海耳设计出一架水平式太阳望远镜，利用平面镜的反射巧妙地解决了这一矛盾。

后来发现，这种水平式的太阳望远镜会受到地球大气抖动的影响，难以得到高清晰的太阳像，而如果让太阳光在竖直方向传播这种影响就会大大减小。1908 年海耳又首先在美国威尔逊山天文台设计建造了第一架竖直式（塔式）太阳望远镜，即太阳塔，此塔高 18 米。

最大的太阳望远镜装备在美国亚利桑那州的国立天文台，完成于 1962 年。它的主镜塔式太阳望远镜口径 208 厘米，成像镜口径 152 厘米，焦距几乎达 100 米。所成的太阳像的直径有 84 厘米，与饭桌桌面差不多。

第一个发现宇宙射电的人是谁

人们自古以来只用肉眼观测研究天体。谁也没有想到，这些天体还会像电台那样发射无线电波。最早窥破其秘密的是美国贝尔电话实验室的一位年轻无线电工程师——央斯基。

央斯基生于 1905 年，23 岁时进入贝尔电话实验室工作，专门负责搜索和鉴别电话的干扰信号。1931 年，他在设法排除电话中的天电干扰信号时，偶然发现了一种十分微弱但又十分稳定的噪声，而且它的最大值出现周期与地球的自转周期相同，正好为 23 小时 56 分 04 秒。他经过 1 年多的研究，断言这种无线电辐射来自银河系的中心。由此，央斯基成为射电天文学的创始者和奠基人。

什么是射电望远镜

我国最大的射电望远镜

射电望远镜是由一个有方向性的天线和一台灵敏度很高的接收机组成的。天线所起的作用好像光学天文望远镜的透镜或反射镜，它把天体发出的无线电波会聚起来。接收机的作用就像我们的眼睛或照相底片，它把天线所收集起来的无线电波经过变换、放大后记录下来。

射电望远镜受地球大气的影响较小，可以不分昼夜地进行观测。现代的技术使我们能制造直径比光学望远镜大得多的天线。目前，世界上最大的全可动射电望远镜的天线直径达 100 米，利用射电望远镜能使我们观测离我们 100 亿光年以外的天体。

有许多天体发射无线电波的能力，比发射光波的能力大得多。例如有名的“天鹅座 A”射电源，它发射无线电波的能力要比太阳强 100 亿亿倍。因此不少遥远的用光学望远镜无法看到的天体，有可能被射电望远镜发现。

另外，在宇宙空间有不少的尘埃云，它们使遥远的天体所发出的光线大大减弱。而天体所发出的无线电波，由于它的波长比光波长得多，受这些尘埃物质的影响也就小得多。

由于这些原因，就使得射电望远镜能充分发挥它强大的威力，使我们能利用它发现更遥远、更暗弱的天体，探索宇宙深处的奥秘。

最早使用的射电望远镜是由谁制造的

射电望远镜有两大优点：它可透过光穿不过的云层，甚至不怕雨雾的阻挡，所以原则上它是“全天候”的仪器，可不分晴雨昼夜使用；它能收到极微弱的辐射，比大光学望远镜看舻得更远。因此它初露头角，就作出了不凡的成绩。尤其在20世纪60年代，天文上的“四大发现”都是它的功绩。

第一台正式用于天文上的射电望远镜是美国无线电爱好者雷伯在1937年制成的。他花费了很多时间和金钱，克服了许多困难，终于获得了成功。

这台望远镜的接收天线是个抛物面，直径9.45米。雷伯将它放在他家的后院里。它诞生后不久，就身手非凡，为人类发现了好几个宇宙射电源(发出无线电波的天体)。1939年春，雷伯用这架望远镜获得了第一张我们银河系的无线电强度分布图。

最大的射电望远镜是由火山改造的吗

射电天文诞生不久，许多国家就卷入了第二次世界大战，直到战争结束，这门学科才逐渐发展起来。最初的射电望远镜虽然灵敏，可是分辨细节的本领不大。为了提高这种分辨本领，就要求制造尽可能大的天线。

然而建造庞大的天线又谈何容易！除了巨额的资金外，要把圆盘状的抛物面天线做得十分巨大，工艺上也有很多难以克服的困难。于是，科学家想到了一些死火山的喷口。这种火山口与抛物面形状相去不远，是否可加利用呢？

20世纪60年代中，美国就有人作了大胆尝试。康奈尔大学的天文王作者，将波多黎各的一个死火山喷口加以修整，制成一个抛物面，然后在上面铺上了一层金属覆盖物，变成了一具巧夺天工的射电望远镜。这台射电望远镜的直径为305米，绕四周走一圈有1千米的路程。这是当代世界上最大的射电望远镜。

人类发明了哪些航天器

航天器分为载人航天器和无人航天器。无人航天器主要有2大类：一类是大家所熟悉的人造卫星；另一类是空间探测器。

人造卫星是航天器中最庞大的家族，它的数量占航天器总数的90%。

应用卫星是人造卫星中的主要成员，它们的数量最多，占卫星总量的3/4，包括气象卫星、通信卫星、导航卫星、侦察卫星、地球资源卫星等。

空间探测器是对月球和其他行星进行逼近观测或直接取样探测。所以，空间探测器要以比人造卫星更大的速度，摆脱地球引力的束缚，实现深空飞行。

载人航天器包括宇宙飞船、航天飞机、空间站、轨道间飞行器。

宇宙飞船是世界上最早发明的载人航天器，它属于一次性使用的航天器。宇宙飞船可以像卫星那样绕地球运行或登月飞行。宇宙飞船还担负着一项特殊的任务，就是充当空间站与地球间的往返运输器。

航天飞机外形像一架大型飞机。它靠火箭发射，利用无损滑翔返回地面，所以可以重复使用。

空间站是一种长期停留在太空的大型航天器，可供多名航天员在那里长期居住和工作。空间站里面具有一定的生产和实验的条件。

轨道间飞行器是从空间站到其他航天器，或从空间站到不同轨道位置空间站的载人运输工具。

最早的火箭是我国制造的吗

火箭技术是现代科学的尖端之一，需要许多门科学技术的互相配合。

可是，你大概想不到，早在1700年前的三国时代，就有曹操的部队使用火药推动的原始火箭来阻挡诸葛亮人马的传说了。有确切文字可证明的第一枚火箭，是公元969年宋初制成的。到了13世纪的元代，火箭已成为我国战争中的一种“常规武器”了，而那时候，欧洲人刚刚才知道世界上还有黑火药这种玩意儿。

现代火箭的出现则是20世纪的事，第一次试验是1926年3月16日在美国马萨诸塞州的荒野里进行的。在雪地上，发明者戈达特博士点燃了一枚使用液体燃料的现代火箭，只听得它“轰”的一声，火箭腾空而起，但它的最大高度只有12.3米，飞行的距离不过55米，还没有一个足球场长。

把火箭作为导弹武器用于现代战争中，则已是第二次世界大战末期的事情了。德国法西斯为了挽救其覆灭的命运，曾向英国首都伦敦发射了8000枚秘密武器—V—1型火箭。这种原始导弹很像一架无人驾驶飞机，长8米，翼展5.5米，总重6吨，但其中的燃料却差不多有5吨。V—1火箭的射程不过240千米，时速也只有560千米，比当时的飞机快不了多少。

第一颗人造地球卫星是前苏联发射的吗

1957年10月4日，地球上空出现了有史以来第一颗人造“小月亮”。前苏联发射的这颗人造卫星，是一个铝合金做的圆锥体，直径为58厘米，拖有4根长“辫子”——无线电天线，总重量为83.6千克。它绕地球一圈的时间是96.17分钟。这颗人造卫星在空中飞行了100天，于1958年1月14日坠入稠密的大气层烧毁。而它上面的无线电设备

我国第一个人造卫星——东方红1号

仅工作了24个昼夜。

我国发射的第一颗人造卫星是“东方红”1号。发射时间是1970年4月24日，卫星的重量是前苏联第一颗卫星的2倍——172.82千克，绕地球的周期是114分钟，近地点的高度为441千米，估计它的寿命是100年。

最亮的人造卫星是什么卫星

在天空遨游的2000多颗人造卫星中，只有极少数是肉眼可见的。这是因为它们一般都较小，又离开地面很远。但也有比较亮的。其中最亮的2颗卫星，光度可与织女星媲美，那就是美国用于超短波通讯的“回声”号卫星。这是一种无源（没有电源来放大讯号）无线电中继卫星，一共发射了3颗。它们的外壁是很薄的聚酯树脂塑料套组成的，外面还有一层牢固的铝膜，铝膜的厚度是0.0022毫米，只有普通报纸厚度的1/32。这层极薄的铝镀层，使98%的无线电波都能反射出去，反射光的效率也达95%以上，加上它们离地面也不算太高（1000千米），因此在天空中显得特别明亮。

寿命最长的人造卫星是什么卫星

人造卫星的寿命相差悬殊，因为它基本上取决于轨道设计师的意图。如果轨道离地面较近，大气的阻力使它不断减速，最后必然落入底层大气而焚毁。例如，前苏联1964年3月27日发射的“宇宙27号”卫星，因为近地点还不到200千米，所以在轨道上只运行了1天时间。在2000多颗卫星中，寿命最长的是美国1970年4月8日发射的2颗军用卫星——“核爆炸检测卫星”11号和12号，它们与地球最近时也有11万千米以上——相当于到月球路程的1/3，所以估计若无“飞来横祸”（如与陨石相碰），则可存在100万年！

怎么知道人造卫星在按预定的轨道运行

在太空工作的人造卫星和各种各样的航天器，都能在预定的轨道上运行。它们就像地面上的行人和车辆各走各的路一样，都有自己的运行轨道。尽管它们的轨道各不相同，但是，也像我们要遵守交通规则一样，也必须“遵纪守法”，那就是它运行轨道的平面，必须通过地球的中心。

如果它的轨道呈圆形，地心就是它的圆心；如果它的轨道是椭圆形的，那么，地心就位于椭圆的一个焦点的位置。

大多数的卫星在发射入轨时，速度往往稍大于第一宇宙速度，所以它们的轨道大多是椭圆形的。就像地球和太阳之间有近日点和远日点一样，卫星和地球的距离也是有时近有时远。人们把轨道离地面较近的一点叫“近地点高度”，把离地球最远的一点叫“远地点高度”。

人造卫星除了具有绕地球运行的固定轨道以外，还有一个重要的参数，那就是轨道的倾角。它是指卫星轨道平面和地球赤道面之间的一个夹角。

根据这个夹角的大小、轨道的近地点和远地点，世界各国的天文台就可以跟踪和计算出这颗人造卫星的运行，告诉我们这颗卫星什么时候在什么方位，看看它是否在预定的轨道上运行。

卫星可以从飞机上发射入轨吗

发射卫星，除了主要从地面使用火箭外，近年来也开始利用飞机来发射卫星，就是先把携带卫星的小型火箭用飞机送上一定高度，再启动火箭把卫星送入预定轨道。

从空中发射卫星具有很多优点。首先是发射费用低，至多为地面发射的2/3。这是因为火箭已在空中从母机获得了一定的初速度和高度，因而节省了许多昂贵的燃料。其次是发射的准备时间短，小型火箭通常只需几名技术人员花上2周时间就够了。再有，空中发射不需要有设备齐全的地面发射基地，也不会受到“发射窗口”、地面设备维修等的制约，随时可以从世界上任何一个机场起飞发射，而用户也可灵活地选择卫星的目标轨道。

当然，在空中发射卫星也有局限性。主要是卫星不能太重，卫星的轨道不能太高，这是由于受到母机运载能力和飞机飞行高度的限制。如用航天飞机，则可弥补这两点不足。

人造卫星是怎样返回地面的

跟卫星上天相反，卫星返回是一个减速的过程。为了可靠地回收，通常把需要返回的物品和在返回过程中需要工作的设备，集中在一个称为返回舱的舱体里，而无需返回的部分则在返回过程中提前抛掉，让其在大气中烧毁。

为了确保返回舱从太空轨道上安全返回地面，必须突破以下五大难关：①调整姿态关，先要把卫星从其在运行轨道的姿态准确地调整为返回姿态，并保持其稳定；②制动关，按时点燃制动（反推）火箭，使卫星脱离原来的运行轨道，让返回舱进入预定的返回轨道；③防热关，卫星在进入地球大气后，空气摩擦使卫星表面温度高达1000℃以上，因此不仅要保证返回舱在高温下不被烧毁，还要让舱内温度保持在仪器能工作的最高温度以下；④软着陆关，利用降落伞和回收系统，使返回舱在大气层较低高度范围内用很低的速度（约10米/秒）着陆，保证回收物品的完好无损；⑤标位及寻找关，要及早准确地预报和测量出返回舱的落点位置，使回收区的工作人员尽快发现返回舱，以尽快开展回收作业。

绳系卫星有什么用途

绳系卫星，顾名思义，它是一种用绳子系在其他航天器上的卫星。用一根长长的绳索，将卫星系在航天器上，一起绕地球飞行。

绳系卫星有许多特别的用途，如对离地面约 100 千米的地球上空进行充分的探测。因为在这个高度上，飞机飞不到，气球也很难达到，而卫星的下界一般也在 150 千米以上，探空火箭所探测空域和时间则非常有限。如果在其他航天器下拴一个卫星，拖着它在离地面约 100 千米的高度上绕地球运行，就可以收集那里的大气层数据，了解太阳活动如何通过高、中层大气影响地面的气候和天气变化的机理等。

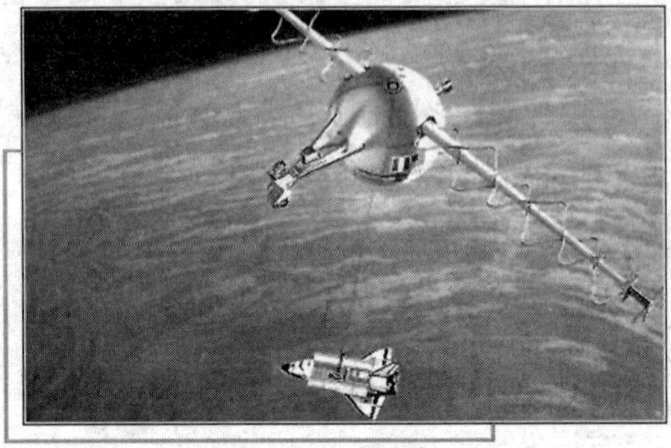

绳系卫星

如果绳系卫星的系绳用导电材料制造，它就是一种探测器，可以获得许多有关电离层磁场的信息数据。此外，系绳在运动中不断切割地球的磁力线，它就成了一台发电机，这样，就可以为绳系卫星和牵引它的航天器（特别是航天飞机和空间站）提供电力，为长期在太空中运行的航天器提供部分能源。

气象卫星是怎样工作的

气象卫星按其运行的轨道可分为 2 大类：极轨气象卫星和静止气象卫星。

极轨气象卫星因其运行轨道每绕地球一周都要穿过南北两极而得名。它的轨道近圆形，高度在 700～1000 千米。这种卫星每绕地球一圈，可观测的地面范围东西宽度为 2800 千米，绕 14 圈可覆盖地球表面一次。但它对某一地区每天只能进行 2 次气象观测，间隔时间为 12 小时。其优点是可获得全球的气象资料，缺点是因地球自转，云图资料不连续。

静止气象卫星在地球上空3.6万千米的赤道平面上，因绕地球转动的速度与地球自转的速度相同，因而相对地球是静止不动的。它每半小时就能产生一幅占地球面积近1亿平方千米的天气资料图。其优点是资料可适时送到地面，能连续不断地观测同一地区，不足是一颗卫星只能观测地球的1/3面积，对高纬度地区（大于55°）的气象观测能力较差。

两种气象卫星用途各异，功能不同，各有长短，不能互相替代，但可以互相补充。如把这两种卫星结合起来，就能构成理想的气象卫星体系。

气象卫星上面安装的遥感仪器，接收来自“地球—大气系统”的各种辐射，并将所获取的资料转变为电信号，通过发射机传递到地面接收站，经计算机处理后，得到大气温度、湿度的垂直分布，大气中高层水汽分布，臭氧的分布与含量等参数，同时获取可见光云图、红外云图和水汽图像等资料，这些就是我们在电视上所看到的卫星云图。

什么是光子火箭

光子，就是构成光的粒子。当它从火箭的尾部喷出来的时候，就具有光的速度，可以达到30万千米/秒。如果用光子来作为火箭的推力，我们到达太阳的近邻——比邻星就只要4~5年的时间！

可是，光子火箭的设想还只是停留在理论上，制造它的困难在于它的结构。

我们已经知道，原子是物质化学变化中最小的微粒，原子又是由带正电的原子核和围绕原子核运动的带负电的电子组成的。原子核由带正电的质子和不带电的中子组成。质子、中子和电子还可以分成许多微小的粒子，如中微子、介子、超子等等。

科学家还发现，宇宙中还存在着和这些粒子对应的、电荷相等而符号相反的粒子，如带正电的“反电子”、带负电的“反质子”等，这些粒子被称为“反粒子”。科学家预言，在宇宙空间还存在着“反粒子”组成的“反物质”，当粒子与“反粒子”、物质和“反物质”相遇的时候，就会发生湮灭，同时就会产生大得惊人的能量：500 克的粒子和 500 克的“反粒子”湮灭，所产生的能量就相当于 1000 千克铀核反应时释放的能量。

如果我们把宇宙中存在的丰富的氢收集起来，让它和其“反物质”在火箭发动机内湮灭，产生光子流，从喷管中喷出，从而推动火箭，这种火箭就是“光子火箭”，它将达到光的速度，以 30 万千米/秒的速度前进。

什么是空天飞机

空天飞机是一种正在研究的飞行器，它的全称叫航空航天飞机。顾名思义，它既可航空，在大气里飞行；又可航天，在太空中飞行，是航空技术与航天技术高度结合的飞行器。

美国在 1981 年研制成功了航天飞机，成为航天发展史上的一个重要里程碑。但是，航天飞机仍存在着许多不足，主要是维护复杂、费用昂贵和故障经常发生等。而空天飞机与航天飞机相比，则更多地具有飞机的优点。它的地面设施简单．维护使用方便，操作费用低，在普通的大型机场上就能水平起飞和降落，就连它的外形也酷似大型客机。它以液氢为燃料，在大气层内飞行时，充分利用大气中的氧气。加之它可以上万次地重复使用，真正实现了高效能和低费用。

什么是航天遥感技术

任何物体都有不同的电磁波反射或辐射特性。航天遥感技术就是利用安装在航天器上的遥感器，来感测地物目标的电磁辐射特点，并将其记录下来，进行识别和判读。遥感器主要有 2 种，一种是胶片型的，一种是传输型的。

胶片型遥感的资料需要将航天器（如返回式卫星）回收下来，再对胶片进行冲洗判读，破译各种信息资料；而传输型遥感则不同，它不需要回收航天器，而是将遥感资料通过电波不间断地传到地面，当装有遥感器的航天器经过有接收站的上空时，地面接收站对航天器发射的电波信号加以捕捉和接收。航天遥感分辨率已由最初的几十米、十几米发展到现在的1米以内。

航天遥感能从不同高度、大范围、快速和多光谱段地进行感测，获取大量信息。航天遥感还能周期性地得到实时地物的资料，因此航天遥感技术在国民经济建设和军事抗争等很多方面，都获得了广泛的应用。例如应用于气象观测（气象卫星）、资源考察（资源卫星）、地图测绘（测地卫星）和军事侦察（侦察卫星）等等。

为什么要把哈勃望远镜送入太空

我们知道，宇宙深空的天体离地球非常非常遥远，所以要使用分辨率很高的大型望远镜才能观测清楚。分辨率要高到什么程度呢？要能看清10千米以外的一枚1角硬币！

哈勃望远镜太空观测

可是，在地球表面，即使望远镜本身制造得再好，也难以达到这个要求。

首先，地球表面有“讨厌”的大气层。它不仅把0.3纳米以下的紫外线统统阻挡在地球外面，而且会产生模糊效应，使得再好的大型望远镜的分辨率也难以接近光学上的所谓的衍射极限。而把同样的大型望远镜放到处在真空环境的太空，分辨率可提高10倍。

其次，地球上有“讨厌”的引力。大型望远镜需要巨大的光学透镜，地球的引力会使大透镜制造时产生微小的形变，而微小形变会使望远镜分辨率大大降低。哈勃太空望远镜刚刚升空时，就因为望远镜的主镜的边缘在地面加工时多磨去了2微米（大约只有头发丝的1/50），而无法使用。结果，“奋进号”航天飞机只能上天，派出航天员给哈勃太空望远镜“戴上”称为“光学矫正替换箱”的“眼镜”，才使“哈勃”的“视力正常”。

再有，就是“讨厌”的震动。无论是人类活动产生的震动还是地球内部产生的震动，都会影响望远镜对宇宙深空的观测。

要找一个没有任何干扰、“与世隔绝”的环境，那么就只好把哈勃太空望远镜搬到太空中去了。

为什么要建造空间太阳能发电站

利用太阳能发电，在今天已经不是什么梦想。但是在地面上用太阳能发电受着种种限制，把太阳能转变为电能的效率很低。如果要获得充足的电力，就必须铺设面积巨大的太阳能发电板。而这对于寸土寸金的地面来说，显然是十分困难的。所以，太阳能发电站至今没有能够真正大规模地投入实用。

而在太空，广袤的空间就有铺设太阳能接收板的最佳条件。而且，太空中的太阳辐射，由于没有地球大气的阻隔，强度要比地面上大得多。据估计，使用同样面积、同样材料的太阳能接收板，其发电的能力要比地球上高出10倍。现今，人们正为地球上的能源不足和大气污染而倍感困惑，太空太阳能发电更是受到了科学家们的青睐。

航天器为什么要在太空中进行对接

空间站通常建在近地轨道上。1971～1982年，前苏联向太空发射了7座名为“礼炮号”的空间站；1973年，美国发射了一座名为“天空实验室”的空间站；1986年，前苏联又发射了“和平号”空间站。美国、俄罗斯、日本、加拿大、巴西和欧洲空间局的 11 个成员国，共同筹建世界航天史上的最大航天工程——国际空间站。

科学家建立这些空间的港湾，其目的是进行生物医学、天体物理、天文观测和建立太空工厂。因此，有许多科学家必须在空间站里工作一段时间，空间站里的设备需要维修，给养需要补充，人员需要更换……这些工作都由航天飞机和宇宙飞船来承担。当它们来到空间站的时候，由于太空的险恶环境，不能像汽车进站和轮船进港一样方便，这就需要进行太空对接。

航天器太空对接

为什么许多航天器要像陀螺那样旋转

在无依无靠的太空中，一个航天器始终要保持一种特定的“姿势”，在某个轨道上运行，或是“固定”在太空的某个位置上，是十分困难的。

太空中没有“风”吹，没有“人”去推，航天器为什么还会自己“开小差”呢？其实，由于太空中的不均匀的引力、残留的大气和空间微小颗粒的碰撞，都会使航天器处于不稳定状态。

为了使航天器保持稳定的状态，科学家们干脆使航天器像陀螺那样旋转起来。我们知道，凡是高速转动的物体，都有一种保持转动轴方向不变的特性，这叫做自旋稳定或定轴性。

在太空中，航天器受到的空气阻力很小，又没有摩擦力，所以，让航天器像陀螺那样旋转，可以十分经济有效地使航天器保持稳定的定向，这种自旋稳定还具有较强的抗干扰能力。

航天器在太空中怎样实施了首次对接

1995年6月，美国的“阿特兰蒂斯号”航天飞机和俄罗斯的“和平号”空间站在太空首次对接成功。质量为100吨的航天飞机和质量为124吨的空间站，在缺乏重力的太空环境下对接，任何失误都可能导致相互碰撞而失败。因此，对接的过程十分缓慢，两者的相对速度大约是2.5厘米/秒。对接系统采用了2个圆环构成的双重结构，上层圆环可以缩进，装有3个花瓣状的挂接机械；下层是基座，装有12组挂钩和插销。

两个庞然大物在太空不断纠正航线，终于衔接在一起，这时机械弹簧锁把它们锁住。90分钟以后，对接口通道内灌进了加压空气，航天飞机和空间站的舱盖才打开，航天员们终于相会在一起，相互握手，欢呼对接成功。1995年11月，“阿特兰蒂斯号”航天飞机第二次与“和平号”空间站对接，为建立国际空间站做准备。

1998年12月6日，由美国“奋进号”航天飞机携带上天的“团结舱”——国际空间站的一个部件，与俄罗斯的“曙光舱”实现了对接。这次对接完成了国际空间站的第一期拼装工程，形成了国际空间站的核心。

2010~2015年间，我国将发射“天宫”一号目标飞行器和“天宫”二号、“天宫”三号两个空间实验室，还将分别发射2艘无人飞船进行无人对接试验，然后再发射5艘飞船进行载人对接试验和载人驻留试验，预计在7年内连续发射7艘太空飞船。

航天飞机是如何像飞机那样飞回来的

作为天地往返的运输系统，航天飞机最为高明之处就是它能像飞机那样平安、完整地返回地面，从而实现了航天器的反复利用，这就大大降低了航天活动的成本。

然而要使航天飞机飞回来并不是件容易的事，主要的难关就是防热。

虽然航天飞机具有三角形机翼和垂直尾翼，使它在大气中飞行时能够具有良好的稳定性和操纵性，犹如一架飞机一样飞行自如，但当它从地球轨道返回地球时，会以极高的速度（接近30倍音速）冲入大气层，机身表面将跟空气发生剧烈摩擦，使表面温度急剧升高，这就是所谓的气动加热。加热的后果是使用铝合金制成的飞机结构立即熔化，因为铝合金的熔点只有660℃。因此，科学家不得不给飞机穿上一件特殊的“防热衣”。

在机头和机翼前缘，那里的温度最高，可以达到1600℃左右，就给它“穿”上一层耐高温的石墨纤维复合材料，以保护铝合金不被烧熔。在机身和机翼的上表面，温度是650～1260℃，这些地方就“穿”上一层由2万块左右耐高温的陶瓷瓦拼成的阻热层。陶瓷瓦每块15厘米见方，2～6厘米厚。在机身的侧面和垂直尾翼的表面，温度比较低，只有400～650℃。这些地方只需稍加保护，就“穿”上7000块另一种规格的陶瓷瓦。这种陶瓷瓦每块20厘米见方，0.5～2.5厘米厚。其他的部位最高温度不会超过400℃，“穿”上一层涂有白色硅橡胶的纤维毡就可，而不需去使用前面那种分量较重、价格昂贵的陶瓷瓦了。

在太空中如何修理出了故障的航天器

如同飞机、汽车等会发生故障一样，航天器同样也会出现各种各样的毛病。然而，远在地球上空400～500千米处飞行的“患病”航天器能不能修理呢？回答是肯定的，派航天飞机去修。

航天飞机本身就是绕地飞行的航天器，它所处的高度和速度跟那些出了问题在轨道上游荡的航天器几乎相同，加上它又具有能改变自己绕地轨道的轨道机动辅助发动机、控制飞行姿势的反作用控制发动机、抓取卫星的遥控机械手等精良设备，所以它就有可能飞到那些发生故障的航天器身旁去进行修理。

1992年5月14日，美国“奋进号”航天飞机将一颗2年前发射的因火箭发动机故障未进入预定轨道的“国际通信卫星6号F3”救了回来。给它安装了一个新火箭发动机，直接弹射入太空，使卫星进入预定轨道。这颗价值1.57亿美元的卫星终于得以重新“就业”。

1993年12月，美国“奋进号”航天飞机对哈勃望远镜进行了修理。哈勃望远镜升空以后，科学家发现它发回的图像模糊，没有达到预期的效果。原来它的主镜磨坏了一点。以后又发现它的太阳能电池板出了问题，计算机的数据存储器也相继失灵。

于是，“奋进号”的机械臂把“哈勃”抓进了航天飞机，航天员为它更换了零件，并安装了一个新型的行星照相机等。这些修理工作进行了7天，修复后的哈勃望远镜比修复前分辨率大大提高，可见到暗10~15倍的天体。

国际空间站是怎样建立的

国际空间站是1993年决定上马的，由美国、俄罗斯、日本、加拿大、巴西和欧洲空间局的11个成员国共同筹建，是世界航天史上第一次由多国合作建造的最大航天工程。

根据计划，国际空间站将分3个阶段来完成。第一阶段为1995~1998年，美国航天飞机与“和平号”空间站对接9次，利用空间站获取航天员在太空中长期工作和生活的经验，以降低国际空间站装配和运行中的技术风险；第二阶段为1998~1999年，一些主要部件将发射上天，在太空中构成一个过渡性的空间站，达到有人照料的状态；第三阶段为2000~2004年，完成全部硬件的装配。整个装配将要动用美国和俄罗斯共47次航天发射，大批航天员将在太空中进行操作。

完工后的国际空间站，由6个实验舱、1个居住舱、2个连接舱、服务系统及运输系统等组成，是个总长88米、质量约430吨的庞然大物。它运行在约400千米高度的太空中，4个宽为108米的太阳能电池提供功率为110千瓦的电力，空间站的居住舱容积为120立方米，气压始终保持在一个标准大气压。与“和平号”空间站相比，可算是“鸟枪换炮”了。

人类最早对哪颗行星进行探测

除了月球外，金星是与我们最靠近的行星。很自然地，它是人们进行行星际探索的“第 1 号种子”。

1961 年 2 月 4 日，前苏联发射了一个重 640 千克的“试验卫星”飞往金星，但是当它从绕地球轨道再启动时，运载火箭不听指挥，于 2 月 26 日坠毁。

金星探测一开始就“出师不利”。前苏联头 3 艘飞船不是运载火箭出故障，就是无线电失灵。美国 1962 年 7 月 22 日发射的“水手”1 号，还没飞出大气层就爆炸了。但人们并不气馁。美国在 1962 年 8 月 27 日发射的“水手”2 号飞船，经过 111 天的长途跋涉，终于在 12 月 24 日飞抵金星区域，在离金星表面 3 万多千米的地方，拍摄了许多金星的“特写镜头”。这是人类第一批拍到的近距离金星照片。“水手”2 号还首次测量了金星大气中的温度情况及化学组成等，向地球送回了重要的资料。

发给“宇宙人”的第一份电报是什么样的

1974 年，人们通过最大的射电望远镜（雷达），向看来有希望的天区发了许多无线电呼号，这份“电报”使用的是计算机的语言——全部是“0”和“1”。“电报”全文共有 1679 个数字，它们组成了一幅幅包括数学、天文、化学、生物、人类学等丰富知识的图画。如其中一部分组成了这样的方块图：最下面一排是太阳系，右起第三个小方块（稍稍向外突出）表示是我们的地球，上方是一个地球人的轮廓，左面说明地球上的人数是 43 亿，右侧则表示地球人的平均身高……

科学告诉我们，在无限的宇宙中应当广泛存在着各种生命形态。对于高度发达的宇宙人而言，是不难把这种“电报”翻译出来的。所以如果像

“牛郎”、“织女”那样距离处有宇宙人的话，那说不定，现在的青少年读者将来会收到他们的“回电”呢！

什么是“阿波罗”登月计划

“阿波罗”登月计划也称“阿波罗”工程，是20世纪60～70年代美国组织和实施的一项载人登月工程。

“阿波罗”工程是世界航天史上的一个重要里程碑，它把人类的足迹移上了另外一个星球。工程始于1961年5月，至1972年12月结束，共组织了2万家企业、200多所大学和80多个研究机构约30多万人参加，历时11年，共耗资255亿美元。

阿波罗11号宇宙飞船

“阿波罗”工程包括运载火箭——“土星5号”和载人飞船——“阿波罗号”飞船两大部分。飞船总重45吨，由指挥舱、服务舱和登月舱三部分组成。从1966年起，“阿波罗号”飞船共发射了17艘：“1号”至“3号”为试验用的模拟飞船；“4号”至“6号”为无人飞船；“7号”至“10号”为绕地球或月球轨道的载人飞船；“11号”至“17号”为载人登月飞船。

1969年7月21日，“阿波罗11号”飞船在月球静海西南角着陆，航天员阿姆斯特朗首先走下登月舱踏上月面，成为第一个到达月球的人。“阿波罗”工程总共把6艘飞船送到月球，12位航天员在月面上停留，使人类对月球的了解大大前进了一步。

人类是怎样首次登上月球的

美国东部时间1969年7月16日，星期三，一个万里无云的好日子。上午9点半，庞大的“土星5号”运载火箭一声巨响，载着“阿波罗11号”宇宙飞船徐徐升上太空。

三天后的7月19日下午，飞船到达月球上空，驾驶长柯林斯完成了最后的不允许出现丝毫偏差的轨道调整，使飞船在月球上空15千米处绕月飞行。7月20日，另外两名航天员阿姆斯特朗和奥尔德林登上了名叫“鹰”的登月舱，从飞船出发，随着制动减速火箭，“鹰”沿曲线轨道徐徐下滑，平稳地降落在月面上一个名叫“静海”的平原。经过6个半小时的准备后，身穿航天服的飞船船长阿姆斯特朗打开了飞船舱门，爬出舱口，在5米高的进出口台上呆上了几分钟，仿佛借以安定一下十分激动的心情似的。然后，他慢慢地沿着登月舱着陆架上的扶梯走向月面。为了使身体能适应只有地球1/6的月球重力环境，他在扶梯的每一个台阶上都要稍微停留一下，仅仅9级扶梯竟花费了3分钟！

人类首次登上月球

通过电视，地球上亿万人看到了阿姆斯特朗先是小心翼翼地把左脚踏上月面，然后鼓足勇气将右脚也踏在月面上。

7月21日，阿姆斯特朗和奥尔德林完成考察任务后，进入登月舱的上升段，与在月球轨道上停留的柯林斯会合后，平安返回了地球。

人类首次登月的壮举，将永载史册。

第一位进入太空的人是谁

1961 年 4 月 12 日，前苏联人加加林乘坐“东方号”宇宙飞船，绕地球飞行 1 周，历时 108 分钟，成为世界上第一位进入太空的航天员。

加加林于 1934 年 3 月出生在前苏联一个普通的家庭中。小时候他是一名淘气的孩子，但强烈的求知欲驱使他如饥似渴地学习他所涉猎的所有知识。在学校里他参加了科技小组，在教师的指导下，小组成员们制作了航空模型，并经常在空旷地方试放飞行。看着如蜻蜓一般敏捷的飞机模型在阳光灿烂的天空中飞翔，加加林暗自下了决心，将来长大一定要当一名飞行员。

进入太空第一人——加加林

在飞向蓝天的强烈愿望驱使下，加加林开始贪婪地阅读描写齐奥尔科夫斯基的书籍，他对这位航天之父十分敬佩。齐奥尔科夫斯基充满热情的精神、坚韧不拔的品格以及无私地献身于宇宙飞行的思想，对加加林的一生产生了巨大的影响，也许这就是他从一名飞机驾驶员变成为世界第一位遨游太空的航天员的动力。

“水手”4号成功拜访火星了吗

美国曾在1964年11月5日向火星发射了“水手”8号，但它中途“临阵脱逃”。13天后，“水手”4号又踏上征途。它的外形像一台风车，4个长约7米的“叶片”是太阳电池，可把太阳光直接变为电能。主体直径1.3米，总高2.9米，重261千克。经过228天的长途跋涉，终于在1965年7月14日到达了火星区域。15日零时，它从火星上空9846千米的高空飞过火星的向阳面，这时自动导向仪立即选择好各种最佳的角度开始“抢镜头”。在它飞越过火星的25分钟内，一共拍了照片21幅，每幅图上包含40000多个像点，因此分辨本领较高，发现火星表面上也有不少像月面上的环形山。“水手”4号还取得了其他许多成果，它证明了火星的大气很稀，其表面气压不及地球1%。从它发回的资料，人们还准确地测定了它的半径和质量。

航天员为什么用跳跃方式在月面上行走

月球是个低重力的环境，航天员即使穿上150千克的登月服，也不会感到重压在身，在月面上走起来显得轻飘飘的。但是，航天员在行走时，月面对他产生的水平推力也只有地面上的1/6，所以在月面上走一步比在地面上走一步所花的时间长，只能“姗姗而行”。同时，月面上有一层厚厚的细沙，走在上面很容易滑倒。再加上所背的大背包（登月服）使人体的重心后移，一不小心，即使是微小的后仰，也会“人仰马翻”，所以，在月面上航天员很容易跌跤。但是，月面上的跌跤却别具特色——都是慢慢地跌下去，但爬起来却又快又容易。

在月面上的航天员，如果像在地面上那样迈方步行走，自然就很容易跌跤。因此，他们改用单脚跳跃前进，后来，又想出了用双脚跳行，这样既快又可以减少体力消耗。他们像小孩似的在月面跳跃着前进，有时用单脚，有时用双脚，还边跳边喊："太好玩了！太好玩了！"这种跳跃行走的办法，可不是航天员在地面训练时就事先想好的，而是他们在月面上的急中生智"创造"出来的。

人类为什么要开发月球

首先，月球上有丰富的物质资源。月球上有地球上所有的元素和60多种矿物，其中还有6种矿物是地球没有的。在月球的土壤中，氦的含量为40%，硅的含量为20%，还有丰富的钙、铝、铁等。

其次，月球上的引力只是地球引力的1/6，月球上的逃逸速度只及地球的1/5。所以，月球的低重力，无大气的环境，十分有利于航天器的发射。在月球上建立组装、维修、补给的人类航天基地，将成为人类飞往其他星球的中转站。月球航天基地会使星际飞行的难度和费用大大降低，人类进入宇宙的深度和广度将大大增加。

再次，月球没有大气包围，声波无法传递，在月球背面没有来自地球的无线电干扰。所以月球的这种无大气干扰、无声波和电波干扰的极其寂静的环境，是一个非常理想的稳定的科学实验平台。当然，月球的低重力、真空无菌的环境又是材料科学和医药学的研究和生产的理想场所。

将来，随着科学技术的进步，月—地旅行将会更加安全、舒适和低成本。那么，到月球旅游和移民就会成为现实。月球将是人类开发的"第六大洲"。

为什么要在月球上建立永久基地

随着地球上的能源日渐枯竭，自然就想到在月球上建立太阳能电站为地球所用。科学家设想，在月面上安装数以千计的太阳能电池阵，收集太阳能转化成电能，并以微波形式送回地球。月球发电有许多优点，它不受天气和季节变化的影响，而且费用低，安全可靠，几乎是取之不尽、用之不竭。

月球上引力小，加上没有大气的遮挡，十分有利于架设巨型望远镜，帮助人类更好地研究遥远星系的秘密。

建立月球工业和开采无公害的核原料，是月球永久基地的重要工作。高真空和低重力，使月球工厂能生产出许多地球上不能或难以制造出的高性能材料。月球土壤里有大量的核原料——氦-3，它是一种核聚变最理想的燃料，用它发电，不会造成环境的污染。

从月球上向其他星球发射探测器和宇宙飞船，要比地球上容易得多。近来在月球上又发现了水，这不仅可供航天员生活之用，而且用水制造出的液氢和液氧，正是火箭所用的燃料。未来人类远征宇宙之时，月球必然会成为不可多得的跳板和中转站。

为什么人类要多次探测火星

在太阳系的八大行星中，火星和地球在许多地方十分相似：火星自转一周是24.66小时，昼夜只比地球上的一天多40分钟；火星自转倾斜角也和地球相近，所以火星上也有春夏秋冬四季的气候变化；火星上还有大气层。

1877年，意大利天文学家斯基帕雷用望远镜发现火星上有许多细长的暗线和暗区，他把暗线称为“水道”。有人干脆把“水道”翻译成英语的“运河”，暗区就成了“湖泊”。有运河就有智慧生命的大规模活动。于是，1个多世纪以来，有关这颗红色星球上的火星人和火星生命的传说、猜测和探测不断出现。眼见为实，只有对火星进行逼近观测，才能彻底解开这些谜。20世纪50年代后，人类就开始了利用航天技术探测火星的努力。

人类探测火星的活动历程是怎样的

早在1962年11月1日，前苏联发射了“火星1号”探测器，开始了人类对火星的逼近探测。

1965年，美国发射的“水手4号”探测器，在距离火星9280千米的高处，首次拍摄了22张火星照片。

1969年，“水手6号”和“水手7号”探测器观测了火星南极，并且发现火星大气中的二氧化氮含量高达95%。

1972年，“水手9号”探测器拍摄了7000多张火星照片，这些照片显示了火星表面70%区域中的峡谷、火山和干涸的河床。

1974年，前苏联发射的“火星5号”首次拍摄了火星的彩色照片。

1976年，美国发射的“海盗1号”和“海盗2号”探测器携带的两个着陆器，在火星表面成功软着陆。它们测量了火星上的温度、风速、大气压，分析了火星大气和土壤的成分。“海盗号”还在空中拍得4500多张火星照片。

1996年12月，美国发射“火星探路者”探测器。这是自“海盗号”以后，人类再次把航天器送入火星表面，也是美国航天局跨世纪的一连串火星轨道和着陆探测计划的开始。

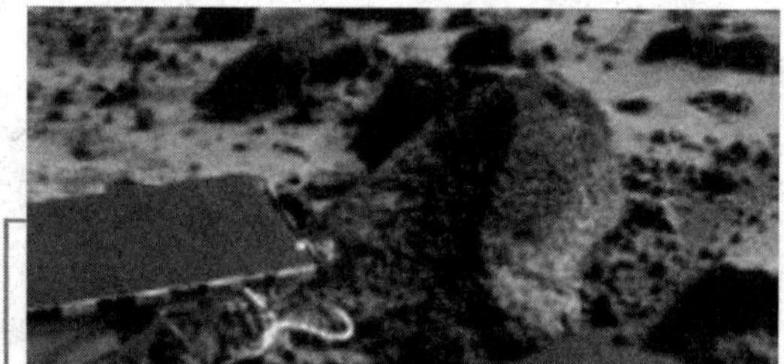
“火星探路者”探测器正在采集火星岩石样本

“火星探路者”携带了一辆六轮小跑车，称为“漫游者”。“漫游者”在着陆器着陆后的第二天走下着陆器，开始对选定的目标进行研究。在以后的90天里，“火星探路者”共向人类发回了1.6万张照片。

1996年11月，美国发射“火星全球勘探者”飞船。“火星全球勘探者”在1997年9月进入火星轨道，这是人类成功送入火星的第一个轨道器。

美国宇航局2008年8月12日发射的“火星侦察轨道器”（MRO）已于2009年3月10日成功完成精细的入轨机动动作。进入绕火星运行的轨道。离表面最近点的高度约420千米。入轨动作是MRO此次飞行中难度最大的环节之一。在人类此前30次对火星的探测中，只有65%成功入轨。

“卡西尼号”怎样进行跨世纪土星观测

人类探测土星的使命，交给了“卡西尼号”土星探测器。1997年10月15日，美国成功发射了“卡西尼号”大型行星探测器，这是20世纪人类耗资最大的空间计划之一。

由于土星距离地球非常遥远，有8.2～10.2天文单位（1个天文单位约合1.5亿千米），所以，即使使用当时推力最大的火箭，也无法把质量为6.4吨的“卡西尼号”加速到直飞土星的速度。

于是，科学家巧妙地为“卡西尼号”设计了借助金星、地球和木星之间的引力，接力加速奔向土星的旅程。这样一来，“卡西尼号”的行程将增加到32亿千米，历时7年。1998年4月，“卡西尼号”绕过金星，在金星引力的作用下，加速并改变方向；1999年6月，它再次飞过金星，利用金星引力进一步加速，向地球奔来；1999年8月，“卡西尼号”掠过地球，借助地球引力加速飞向木星；2001年1月，“卡西尼号”从木星那里进行最后一次借力加速后，直奔土星。

“卡西尼号”于2004年7月到达了土星。“卡西尼号”实际上由2部分组成：载有12台科学探测仪器的轨道器和携带6台科学仪器的“惠更斯”子探测器。轨道器将围绕土星进行历时4年的全面的科学探测。

为什么发射火箭要沿着地球自转方向

发射火箭之所以要顺着地球自转的方向，道理正跟跳远和投掷铁饼一样，因为地球上的物体都随着地球的自转一起转动。根据惯性原理，如果顺着地球自转方向发射火箭，火箭在离开地球时就已经有了一个初速度，这个初速度的大小就是地球自转的速度。

地球由西向东自转，地球自转的线速度并不是全球各点都一样的，越近南北极，线速度越慢；越近赤道，线速度越快。在南北极的中心点上，线速度几乎等于0，可是在赤道上，线速度可达465米/秒。要使火箭绕着地球飞行不落到地球上来，那就需要使火箭达到7.9千米/秒的第一宇宙速度；要使它飞向月球，就需要达到11.2千米/秒的第二宇宙速度。要达到这样的速度，当然首先要依靠火箭本身的推力，可是如果火箭在赤道上发射，那么因为有465米/秒的初速度可借，火箭的推力略为小一点点，问题也还不大。

为什么火箭发射采用倒数计时

1927年，一批早期的宇航爱好者在德国成立了宇宙航行协会。不久，他们接受了为一部科幻电影《月里嫦娥》制造一枚真实火箭的任务。但由于缺乏经验，这枚真实的火箭始终未能制造出来，反而是制片商把一枚模型火箭先制造出来了。在拍摄影片的过程中，为了发射模型火箭，导演弗里茨·兰首创了倒数计时的发射程序。这种计时程序，既符合火箭发射规律和人们习惯，又能清楚地表示火箭发射的准备时间在逐渐减少。

10分钟准备，5分钟准备……1分钟准备，直到发射前10秒钟，而后是10、9、8……3、2、1，起飞！这种倒数计时，会使人产生准备时间即将完结，发射将要开始的紧迫感觉。

电影成为这种发射模式的先导。之后，德国在20世纪30年代制成第一枚试验火箭，以及40年代初研制“V-2”火箭时，都采用这种倒数计时的发射程序。40年代后，美国和前苏联研制的火箭和导弹，发射时也都采用了这种程序。它把火箭在起飞前的各种动作按时间程序化，既严格又科学，真是“万无一失”。

目前，世界各国的火箭、导弹和航天飞机的发射，自然就一直沿用这种倒数计时程序了。

火箭没有机翼靠什么改变方向

火箭大多数时间是飞行在大气层以外，那里没有空气，那么改变火箭的飞行方向靠什么办法呢？

靠的就是火箭内部的“驾驶员”——飞行控制系统。这个系统有两大作用，一是控制火箭向前飞行（由火箭发动机提供推力）；二是控制火箭的姿态（使火箭俯仰、偏航或滚动）。火箭的飞行控制系统靠敏感元件（类似人的眼睛），去“观察”火箭的飞行状态是否正常（与预定的路线作比较），如发生偏差，立即报告“大脑”（箭上计算机），经过分析思考（计算机进行各种计算），最后向执行机构（类似人的手和脚）发出修正指令，控制火箭沿正确的方向飞行。

火箭在真空环境里飞行时，如果用类似飞机的空气舵，自然就不起作用了，需改用燃气舵和摇摆发动机。燃气舵安装在发动机喷管的尾部，用石墨或耐高温的合金制成，当发动机燃烧室喷射出来的高速气流作用在舵面上时，就会产生控制力以改变火箭的姿态。摇摆发动机是将发动机安装在可变动推力方向的支架上，用改变推力的方向来达到改变火箭姿态的目的。因此，火箭的外形多是圆柱体，光秃秃的，它虽然没有机翼，但同样也能随心所欲地改变飞行方向。